RESEARCH ON
TECHNOLOGY DESIGN FROM THE
PERSPECTIVE OF
TECHNOLOGY PARADIGM

技术范式视角下的
技术设计研究

胡春立◇著

ZHEJIANG UNIVERSITY PRESS
浙江大学出版社
·杭州·

图书在版编目（CIP）数据

技术范式视角下的技术设计研究 / 胡春立著. —杭
州：浙江大学出版社，2023.12
ISBN 978-7-308-24635-4

Ⅰ. ①技… Ⅱ. ①胡… Ⅲ. ①技术设计－研究 Ⅳ.
①TB21

中国国家版本馆 CIP 数据核字(2024)第 015542 号

技术范式视角下的技术设计研究
JISHU FANSHI SHIJIAO XIA DE JISHU SHEJI YANJIU

胡春立　著

策划编辑	吴伟伟
责任编辑	陈逸行
文字编辑	梅　雪
责任校对	马一萍
封面设计	雷建军
出版发行	浙江大学出版社
	（杭州市天目山路 148 号　邮政编码 310007）
	（网址：http://www.zjupress.com）
排　　版	浙江大千时代文化传媒有限公司
印　　刷	浙江新华数码印务有限公司
开　　本	710mm×1000mm　1/16
印　　张	11.75
字　　数	159 千
版 印 次	2023 年 12 月第 1 版　2023 年 12 月第 1 次印刷
书　　号	ISBN 978-7-308-24635-4
定　　价	68.00 元

序
简易之技：温暖回归与人的再造

    谈到技术，生活在现代社会的每个人都不陌生。生活中，每个想要拥有更加智能、便利的生活条件的家庭都在讨论着购入哪款洗碗机、扫地机等产品；工作中，每位追求更高工作效率的打工人都在时刻关注着具备更多功能的新产品……更快、更方便、更简单，似乎成了大多数人使用技术时追求的单向度目标。这时候需要一些人能够停下脚步，理性地思考技术的发展对人类的影响：在我们享受着技术发展带来的好处时，是否也正视了被技术裹挟的人的主体性？现代很多学者纷纷表示，技术的异化已经成为人类走向高度文明途中的致命隐忧。技术发展得越来越快，而与技术共处的人类，在得到的同时又失去了什么？人类主体性地位遭受威胁、自由意志丧失、自然生态破坏等，已经成为不可回避的现实问题。

    因此，我一直思考，尤其是生活在现代社会的人们，其实有责任在使用技术的同时，带着理性、客观的思维全面地思考技术。这本书的作者春立，自 2015 年跟随我读科技哲学的博士，就参与了我主持的国家社会科学基金重点项目"绿色技术范式与生态文明制度研究"，表现出对技术哲学思考的极大兴趣。我到现在还清楚地记得，2017 年冬天的一次讨论会上，她很兴奋地跟我谈到她最近思考的一个问题：我们对技术的思考，尤其是对技术异化问题的思考，是否应该从微观的角度切入技术从发生、发展到社会运行的全过程，将技术自身的发展逻辑与社会的建构因素全方位结合起来考虑。当时她的想法比较初级,但是我很高兴看到她沿着这个思路一直研究下去,到今天她所著的《技术范式视角下的技术设计研究》一书正式出版,探索了在技术的形成与发展过程中起关键作用的因素——技术设计。技术设计作为打开技术黑箱的重要线索,是分析和解决技术异化的重要视角。这本书从设计的角度寻找应对技术的异化、技术范式失范、生态文明制度失效、人受控于技术等问题的解决方式。我认真看完这本书后,觉得她已经形成了系统性的研究思路并得到了较成熟的研究结论。

当然,在具体的实践发展中,技术设计也正在面临着诸如"人类有限理性""多元价值冲突"等内部与外部的挑战,导致技术设计在参与技术发展的过程中出现了严重的失范现象。在完成这本书的过程中,春立还形成了几篇相关论文:《失范与复归:技术设计的澄明》《技术范式的结构及其制度属性分析》《从技术设计走向设计技术的必然性思考》,重点延伸拓展了书中的一些观点,希望读者能够多多关注这些论文中的阐述,以期让生活在技术迷宫里的现代人回归理性,让正确的发展理念在人、技术、世界的链条中释放引领价值。愿技术蓬勃发展,而人类依然鲜活!

赵建军

中共中央党校(国家行政学院)教授

2023 年 11 月

前　言

技术异化一直是困扰绿色发展的核心问题之一,绿色发展的完成需要技术的支撑,但是绿色发展面临的很多阻碍也恰恰来自技术本身。因此,从现实角度来看,技术异化成为亟待解决的问题。不同领域的学者和实践工作者从不同角度出发,致力于分析技术异化的根源以及解决途径,但是依然没有从根本上阻止技术的异化。

20 世纪 80 年代出现了技术哲学"经验转向",技术设计作为技术哲学的经验转向所指涉的重要概念,沟通了技术形而上的理论理解与形而下的技术实践,引导研究者将目光聚焦技术本身所展现的基本特性,把解决问题的关键放在了问题产生之前的预设当中,为解决技术异化提供了一种更为有效的视角,是传统技术哲学研究领域的一个巨大转变。设计作为技术生产过程中的基础、灵魂和核心,是影响技术的价值形成以及进化方向的更关键因子。无论是在创造发明过程中还是在应用过程中出现的技术异化问题,都可以归结于设计的不周全,可以说技术异化的实质是背后设计的异化。

本书主要源于对技术异化问题的关注,针对技术发展过程中技术与文化、生物圈、人类需求等因素割裂而形成的技术秩序的思考,从设计的角度对技术异化进行本源性研究,在对设计与技术、技术范式的应然互动与实然表现进行对比分析的基础上,对受技术自主、技术的社会建构理论影响的技术设计局限性进行分析和矫正,针对技术异化、技术设计局限等问题,创新性地提出"设计技术"概念与内涵,以此视角探寻生成绿色技术、绿色技术范式、生态文明制度、绿色发展方式的路径,进而推动人的自由全面发展。

目 录

绪　论　国内外相关研究

首先,本章从技术异化问题和解决技术异化问题的方式方法角度进行梳理,分析目前国内外学术界对于技术异化的认识、解决异化问题的角度以及方法的创新性和有效性,并分析现有角度和方法无法完全抑制技术异化问题继续发展的原因;其次,对目前学术界从技术设计角度解决技术异化问题的研究进行梳理,总结国内外学者对技术设计问题的研究视角和结论,分析技术设计对于技术异化问题解决的进步意义等;最后,随着技术哲学的经验转向,很多学者认为技术设计是解决技术异化问题的重要途径,然而根据现实中技术异化问题仍然没有得到有效控制的状况,可以尝试性怀疑技术设计自身是否存在局限性。由此,根据文献梳理,提出本书研究的思路与重点。

一、关于技术异化问题的研究

(一)对技术异化的意识与反思

随着工业文明时代技术负效应的日益显著,国内外学者针对这一情况展开的批判已有一定历史和基础。技术理性的社会批判经历了从马尔库塞、哈贝马斯到芬伯格的发展和转变。马尔库塞认为,在发达工业社会中,技术的合理性变成了统治的合理性;哈贝马斯认为,技术合理性实际上只是一种工具合理性,技术统治被解释为生活世界殖民化;芬伯格一方面批判了马尔库塞的技术实体论,另一方面批判了哈贝马斯的技术工具论,他提出了技术批判理论,认为技术的未来能够走向一条民主化的道路。此外,技术对伦理责任、道德困境、现代性危机等方面造成的影响成为当前反思与批判的主题之一。学者罗曼从技术的两面性入手,追问该如何界定我们的责任。罗曼认为,技术的两面性包含结果的两面性、中介的两面性和本质的两面性。① 技术的两面性容易导致三种情境的责任难题:一是由于匿名而难以确定各个主体的道德责任;二是从长远来看,我们的行为所引起的副作用会发生复杂而又无法把控的变化和作用;三是在相当一部分领域内,我们不仅面临关乎道德、文化、伦理等方面的问题,还面临关乎我们如何看待自己的问题。文成伟和郭芝叶通过分析技术对我们生活的世界的全面影响,认为技术不仅构造了我们的生活方式,而且模仿了我们真实有效的经验存在,影响了人类对生活世界的有效判断,而技术标准规定了人的技术性存在,遮蔽了我们的眼睛,影响了我们的思维。②

除了对于技术问题的整体反思,国内外学者还在横向不同领域和纵向不同深度对于技术异化问题进行了反思与研究,多角度总结了技术异化问题产生的原因,总结来看大致分为四个方面:第一,从技术自身寻找原因,认为技术风险源于技术本身的不确定性。例如,方世南和杨征征将技术风险和技术创新联系起来,认为技术风险发生的主要原因是技术创新的不确定性或不可知性本身的负面效应,这根植于技术创新的所有环节和活动之中,是一个逐渐暴露的过程。人们对技术的正负效应可能出现的不当评判会进一步加剧或放大技术的风险。③张学义和曹兴江指出,技术风险源于技术的本质,隐匿于技术之中。

---

① 罗曼:《技术的两面性与责任的类型》,《哲学研究》,2011 年第 2 期。

② 文成伟,郭芝叶:《论技术对生活世界的规定性》,《自然辩证法研究》,2012 年第 6 期。

③ 方世南,杨征征:《从技术风险视角端正技术创新的价值取向》,《东南大学学报(哲学社会科学版)》,2012 年第 5 期。

技术具有解蔽的使命,这一使命使之能够以一种可化解一切技术风险的表象显现出来。然而,技术在解蔽的过程中必然具有危险,所以其危险之命运必然会招致技术风险的产生。① 第二,从制度层面寻找原因,认为现代技术的技术风险在本质上是一种被制造出来的风险,是有组织的、不负责任的结果。机构设计的缺陷、技术决策的失误、技术专家的霸权以及技术王国的形成都是现代技术风险产生的制度成因。第三,从哲学的角度进行审视,认为技术风险源自当前社会发展中的科学文化与人文文化的分裂。例如,李春霞和翟利峰认为,科技风险的发生源于科技活动中工具理性和价值理性的分离,在于当前社会发展中的科学文化与人文文化的分裂,具体而言是现实与建构、客观与认知、计算性与不可计算性的对立。在当今社会,人类单向度推崇科学文化并弱化和忽视人文文化,而这种分裂正是风险出现的源点所在。② 学者王伯鲁提出,技术文化是当代的主要文化形态之一,是时代潮流以及众多社会问题的交汇点。③ 学者周善和指出,技术上升为信仰是现代技术最明显的特征之一。④ 第四,从技术与社会的关系角度进行审视。例如,王健、陈凡和曹东溟从技术与社会的视角指出,当代技术风险的根源在于技术社会化的单向度,即非人文向度的技术社会化远远超出了人文向度的技术社会化。⑤ 类似地,学者赵玉强亦从社会角度分析庄子对技术异化、技术道德以及技术的相关社会政策等问题的沉思。技术信仰对人类社会发展产生了广泛而深刻的影响,对技术的顶礼膜拜也引发了唯技术论、效率崇拜、物质至上和道德沦丧等

---

① 张学义,曹兴江:《技术风险的追问与反思——由日本核辐射引发的思考》,《东北大学学报(社会科学版)》,2011年第5期。
② 李春霞,翟利峰:《哲学视角下科技风险探析》,《理论探讨》,2012年第6期。
③ 王伯鲁:《技术文化及其当代特征解析》,《科学技术哲学研究》,2012年第6期。
④ 周善和:《技术信仰的表征与降格技术信仰的路径考究——从社会文化学视角探究现代技术》,《自然辩证法研究》,2011年第7期。
⑤ 王健,陈凡,曹东溟:《技术社会化的单向度及其伦理规约》,《科学技术哲学研究》,2011年第6期。

诸多自然和社会问题。①

(二)探寻解决技术异化问题的途径

针对单个或多个原因复杂交织引发的技术异化问题,学者在分析原因的基础上,从各自的研究角度提出了预防、规避与解决的具体思路和对策。马尔库塞提倡从技术本身入手,以批判的视角寻求理性的解决方案。哈贝马斯提倡回到生活世界,并将民主的对话机制引入科学技术领域,主张重新建立理性交往可以为现代社会建立牢固基础。芒福德提倡现代技术应向生态原则回归,把技术限制在合理的生命尺度以内。贝克主张通过获得"新的制度安排"来应对我们面临的风险。芬伯格在继承马尔库塞和哈贝马斯等人思想的基础上,将技术批判理论与现代性结合起来,提出了一种技术民主化方案,除了从技术自身寻找答案,还重视社会对技术的影响,从而为技术批判理论提供了崭新的视角。面对罗曼提出的种种困境,芬伯格主张反思技术的两面性并明确主体责任,如此才能有助于技术的合理化演变。马克思从人的现实历史存在出发,将技术价值问题的思维向度从封闭的技术本身扩展到了广阔的文化空间,将技术视为一种文化形式,通过文化价值系统整体来考察并完整揭示技术价值的丰富性。此外,马克思还从历史和辩证的角度指出技术与伦理之间的关系,认为社会制度变革是解放人的本质并将其解放的价值赋予技术的有效途径。阿伦特在《人的条件》一书中认为,从事人类实践活动的技术创造者应该主动进入沉思状态。舒红跃提出,人类的进步一方面离不开思考获得的理性,另一方面需要解决衣食住行的现实问题,如果彻底地停止实践活动而进入形而上学的沉思,对反思技术异化问题并探寻切实可行的解决方法没有益处。人类的思考应该发生在实践之前,而不是以思考开始,并以

---

① 赵玉强:《庄子生命本位技术哲学的基本面向与内在理路探赜》,《云南社会科学》,2011年第4期。

思考直接结束。① 张成岗通过研究鲍曼现代性理论中的技术图景，提出解决现代性危机的技术伦理路径，即从现代伦理学转向后现代伦理学，认为倡导技术责任有望解决现代性危机。② 周雪和张新标在其文章中运用了芒福德技术哲学思想的反思观点，指出回归生活才是技术发展的未来进路。要消除技术的异化需要厘清技术的范围，应当从人的生活的角度进行反思。③ 朱其忠认为，转变技术发展的方向，转向生态技术的创新可以弥补资源与资本的不足，进而为经济的可持续发展提供支撑。④ 王前和梁海主张诗意的技术是真善美相统一的技术，提倡从科学文化与人文文化协调融合的角度改善技术真善美相割裂的局面。⑤ 许斗斗认为，防范技术应该在知识的建构中进行，技术风险应该在新政治文化的建构中规避。⑥ 丁旭、孟卫东和陈晖考虑到存在技术风险导致研发失败的可能，构建了基于技术风险的供应链纵向合作研发博弈模型以规避技术风险。⑦ 张召和路日亮从生态伦理视角指出，可以通过转变技术主体价值观念、构建生态伦理规范来规避技术生态风险。⑧ 史增芳指出，要用技术的民主化来应对技术风险。⑨ 田愉和胡志强提出，公众与专业技术人员之间要进行双向的互动和风险沟通。⑩ 还有学者如肖显静和屈璐璐视角独特，发觉现阶段媒体科学技术风险报道在选题、架构、信源、内容、语言及立场等方面的诸多欠缺加剧了科学技术风险，鉴于此，其主张媒体和记者需要深刻反思这

① 舒红跃：《对阿伦特技术观的解读与追问》，《自然辩证法研究》，2011 年第 8 期。

② 张成岗：《鲍曼现代性理论中的技术图景》，《自然辩证法通讯》，2011 年第 3 期。

③ 周雪，张新标：《回归生活——基于芒福德技术哲学思想的反思》，《湖北经济学院学报（人文社会科学版）》，2011 年第 5 期。

④ 朱其忠：《从萨伊定律到供给学派：生态技术创新推力演绎》，《商业研究》，2011 年第 12 期。

⑤ 王前，梁海：《论诗意的技术》，《马克思主义与现实》，2012 年第 1 期。

⑥ 许斗斗：《技术风险的知识反思与新政治文化建构》，《学术研究》，2011 年第 6 期。

⑦ 丁旭，孟卫东，陈晖：《基于技术风险的供应链纵向合作研发利益分配方式研究》，《科技进步与对策》，2011 年第 20 期。

⑧ 张召，路日亮：《规避技术生态风险的伦理抉择》，《科学技术哲学研究》，2012 年第 3 期。

⑨ 史增芳：《技术民主化对技术风险的应对及其困境》，《西南科技大学学报（哲学社会科学版）》，2012 年第 3 期。

⑩ 田愉，胡志强：《核事故、公众态度与风险沟通》，《自然辩证法研究》，2012 年第 7 期。

些欠缺,进而寻求风险报道在确定性和不确定性、客观性与解释性、选择性与全面性之间的平衡。[①] 陈凡和陈多闻提出,技术的本质在于使用,因为只有使用中的技术才能获得其意义并实现其价值。在社会科学领域,他们提出技术使用者要在行为上承担起对技术的义务和伦理责任,在道德上背负对自然的义务和责任,培养技术使用者积极参与和建构情景的主动性。[②] 除此之外,王前、王京、刘宽红、林辉、洪进等多位学者分别对规避纳米技术、云计算、核能发展、转基因等具体技术领域的技术风险提出了相应对策。

综上所述,当代技术出现了普及化的趋势,技术也不再像曾经那样按照社会—文化的主张来演化,而是按照自身的主张演化。对此,学术界针对人与技术的相处问题展开了反思与批判,这一思潮有一定的积极效应,表达了人们对技术负效应现象的不满与抗议。在反思与批判之余,日益严峻且复杂化的技术异化问题和由此带来的风险越来越受学者的重视,众多学者从不同角度提出了应对措施。然而,从技术异化问题依然未得到有效解决的现状可以看出,现有的研究视角和解决方式还存在一些不足:首先,批判理论大多将技术发展的动力理解为技术内在的力量和逻辑,并且认为这一力量和逻辑是人类似乎无法改变的模式,技术发展过程中的任何选择都是技术自身设定的标准,过于弱化甚至忽视人、文化以及其他社会因素在这一过程中发挥的干预作用。其次,虽然众多学者纷纷从文化、制度、民主、媒体等角度提出规避和解决技术异化问题的对策,但是缺乏对技术异化的类型、程度、内在机理等细节的深入研究,大多数都是宏观静态的方法探讨,导致当前所提出的解决办法大多为方向性指导,预设性与现实效应并不强,常常落后于技术异化问题的出现,处于被动反应与适应状态,对于彻底解决与规避异化问题显得苍白无力。

[①] 肖显静,屈璐璐:《科技风险媒体报道缺失概析》,《科学技术哲学研究》,2012年第6期。

[②] 陈凡,陈多闻:《文明进步中的技术使用问题》,《中国社会科学》,2012年第2期。

二、从设计角度研究技术异化

在传统技术哲学的研究思路出现明显缺陷的背景下,20 世纪 80 年代出现了技术哲学的"经验转向"。这是由埃因霍芬理工大学的克罗斯和梅莱斯于 1998 年首次提出的。同时,荷兰学者阿赫特胡斯主编的《美国技术哲学:经验主义转向》一书也指出了美国技术哲学的经验转向势头。技术设计作为技术哲学的经验转向所指涉的重要概念,在经验转向的背景下引导研究者将目光聚焦技术本身的基本特性,这是传统技术哲学研究领域的一个巨大转变。

技术设计、技术发明是技术生产过程中的基础、灵魂和核心,也是影响技术的价值形成以及进化方向的关键,处于技术生产活动的"上游"领域。技术设计思想连接了对技术形而上的理论理解与形而下的技术实践,是积极认识并探索更好解决技术问题的理论,它把解决问题的突破口前置到问题产生之前的预设当中。因此,讨论技术发生、发展与应用过程以及技术的异化、规避与解决等问题离不开对技术设计的认识与讨论。因此,国内外学者逐渐从技术设计角度展开研究。

2005 年,在国际技术哲学学会第 14 届年会上,瑞典皇家理工学院的汉森从设计本体论角度探究了设计的安全性。他提出,人们可以通过运用设计策略来应对具有潜在危险性的技术,这种设计策略不是针对标准型的风险,而是针对一种不确定性风险的测量和判断。特文特大学的维伯克研究了设计的道德性问题。他是技术工具论的反对者,认为技术不是人类完成目的的中性手段和工具,而是具有道德属性的人工物,技术设计主体的道德和责任感需要得到工程伦理研究的关注。他还研究了设计的可持续性特征。在他的研究中,可持续性是判断设计的最高级别指标,相较于人们提出的一些民主标准,可持续性应该处于最高层次,需要将其从资本主义的合作中抽离出来,成为发展技术民主的目标。美国密歇根州立大学的哲学教授汤姆森运用制度理论的部分成果,分析了技术设计过程中排他性成本、让渡能力和竞争这三种制度性因素对技术设计的影响。① 雷丁大学的沃里克通过接受一次硅芯片植入手术,更为先进地展示了人类的再设计技术。随着技术水平的提高,人技合一方面的技术手段越来越丰富,通过将电子设备植入人体而对人进行设计的技术日益成熟,这些技术出现的最初目的或为治病,或是作为一种提高人类生活水平的替换。但是如果相应的理论、政策、制度、文化没有进行与时俱进或者更超前的更新,用技术对人体进行再设计的技术将会引起价值、文化、伦理等方面的问题。芬伯格在对技术民主化的实施方式进行探讨的过程中也强调在技术设计过程中的民主变革,提倡在技术设计过程中的公众参与,"赋予那些缺乏财政、文化或政治资本的人们接近设计过程的权力"②。

　　国内学者对技术设计也越来越重视。学者程海东和陈凡指出,技术设计是解决技术问题的关键。③ 学者朱红文对设计的哲学性质、视野和意义进行了梳理。他曾在文章中指出,设计作为一种发源于或基于生产劳动的广义创造活动,与人类的认识活动和能力一样,是人类的基本活动及其内在机制之一。传统哲学中的认识论主义和先验的道德主义使哲学基本上丧失了对这一基本人类活动领域的洞察力,这是哲学的一个严重疏漏和错误,但这种疏漏和错误的根源在于社会历史本身的局限性。在工业社会和高技术时代,设计或广义的创造活动越来越成为工业世界以及整个人类社会的存在基础。④ 学者卫才胜提出,在技术设计、应用和管理等领域应当更多地使普通人、非专业人士

---

① 陈凡,朱春艳,赵迎欢,等:《技术与设计:"经验转向"背景下的技术哲学研究——第 14 届国际技术哲学学会(SPT)会议述评》,《哲学动态》,2006 年第 6 期。

② 芬伯格:《可选择的现代性》,陆俊,等译,中国社会科学出版社 2003 年版,第 8 页。

③ 程海东,陈凡:《技术设计:技术认识的形象化》,《长沙理工大学学报(社会科学版)》,2015 年第 4 期。

④ 朱红文:《设计哲学的性质,视野和意义》,《北京师范大学学报(社会科学版)》,2010 年第 6 期。

具有发言权,使其能够积极地参与技术决策,决定技术的产生并且决定技术对其生活的影响。① 张卫和王前对技术伦理学的内在研究进路进行了探视与分析。技术伦理学把目光投向技术活动,考察如何在技术设计中嵌入某种道德要素,使技术人工物能够在使用过程中引导、调节人的行为,以实现一定的道德目的。他们认为,在技术设计中实现道德物化的方法之一有赖于"设计者的想象"。通过想象,设计者可以尽量估计产品在使用中可能遇到的各种情况,从而在设计意图和产品将来被使用的具体情境之间建立起一种联系。② 还可以通过系统化的评估方法,使技术设计过程更加民主化。陈圻和陈国栋提出在技术设计的环节建立技术——文化系统观,突破创新动力的工具化诠释,提出设计与技术的解耦和分拆概念。③ 宋文萌通过阐述技术的造物与拆物的关系,以及协调二者关系的重要性,提出要想从根本上实现造物与拆物的和谐统一,必须追本溯源,从技术设计这一源头入手,在技术设计中嵌入伦理意蕴,并提出全寿命和全要素设计理念。④

随着技术哲学的"经验转向",技术设计作为技术生产过程中的基础、灵魂,逐渐成为技术哲学研究的核心。技术设计沟通了对技术形而上的理论理解与形而下的技术实践,把解决问题的关键放在了问题产生之前的预设当中,为解决技术异化提供了一种更为有效的思路,因此也吸引了众多学者对技术设计进行分析。然而看似解决异化的思路日益周全,技术异化却依旧没有得到很好的改善。通过梳理国内外学者对技术设计的研究视角和结论,可以发现国内外学者大多都将技术设计作为解决技术异化的外在工具。众多学者从技术设计角度提出解决与规避技术异化的方法,将技术设计角度的对策与文化、民

---

① 卫才胜:《技术的政治——温纳技术政治哲学思想研究》,2011年华中科技大学博士学位论文。

② 张卫,王前:《论技术伦理学的内在研究进路》,《科学技术哲学研究》,2012年第3期。

③ 陈圻,陈国栋:《三维驱动的创新驱动力网络:一个元模型——设计驱动创新与技术创新的理论整合》,《自然辩证法研究》,2012年第5期。

④ 宋文萌:《技术哲学视角下的"造物"与"拆物"》,2013年大连理工大学硕士学位论文。

主、制度等方面提出的对策同级别化,没有看到技术异化的本质就是背后设计异化使然。因此对于技术设计的研究仅仅局限在将其作为工具的研究是远远不够的,应该将其作为解决技术异化的实质性角色对待。

三、技术设计的局限性研究

随着现代技术的迅猛发展及其向社会的全面渗透,周围的一切都使现代的人们不得不去思考技术的问题。然而技术的蓬勃发展带来的物质上的丰富和舒适使人们很难对它进行全面的探讨。这些都使技术的设计工作变得极为复杂。然而,当我们沉浸在认为只要找到技术设计这一工具就可以完全规避和解决技术异化问题的喜悦之中时,技术的异化丝毫没有停止的趋势,这对国内外各领域的学者来说是当头棒喝。学者哈耶克对这一问题进行了进一步探究并给出了解释,他认为演进理性理论与自生自发秩序的探讨可以扩展到人类所有文明的领域。而使用演进理性理论解释与分析技术设计问题亦是对演进理性理论应用的新扩展。技术设计活动本身就是有限理性的主体在一个"理性不及"状态下的行为过程。故而技术设计活动始终表现出一种理性的不完备性和知识的分散性。

1960年,哈耶克首次明确提出了"有限"观念,并指出,"知识并非都属于我们的智识,而我们的智识亦非我们的知识之全部","我们的习惯及技术、我们的偏好和态度、我们的工具以及我们的制度,它们是我们行动得以成功的不可或缺的基础",也正是构成"我们行动基础的有限理性的因素"。① 哈耶克认为,随着社会出现一系列新的变化,并且这些变化的速度越来越快、轨迹越来越无迹可寻、劳动分工越来越

① 哈耶克:《自由秩序原理》,邓正来,译,生活·读书·新知三联书店1997年版,第32页。

细化,任何人都无法让自己的行为符合所有的知识标准。而技术设计活动恰恰是一个决策的过程,技术设计中的非理性现象正是这种分立知识的体现,设计主体所处的"特定时空之情势"亦决定了技术设计活动不可能是所谓"完备知识"的活动,也意味着每个社会成员知识体系的建立依赖个人独特的生活经历和储备的知识,因此技术在我们的实际生活中会展现出不同的形态和功能特点。

我们根据哈耶克所提的有限理性理论,可以得出以下结论:个人的理性是非常有限的和不完备的,设计也是在这种不完备理性的支撑下完成的,因此无法避免出现一系列局限性问题。我们必须认清理性在人类的发展与复杂的社会秩序的形成过程中发挥作用的有限性,人类的任何实践都是在有限理性的影响下完成的。在这种前提下可以发现,受有限理性支撑的设计主体无法站在完全理性的层次去判定设计方案的优劣与善恶,而被选择运用的设计方案往往是被当作最佳选择被社会认可并得到广泛拓展的,而被选择出来当作最佳选择的设计方案往往是从带来的收益角度判断的,而这一理性选择标准只是因为它更能够迎合现实需求。还有一种常见的状况是,立足现在回顾、观察技术的演进时,不难发现和归纳其清晰的路径与明显的特征,但是立足一项技术刚刚发生、形成阶段的时候,想要选择一项无论是在当下情景还是在日后日益变化的情景中依然符合最佳判断标准的方案是极其困难的。从历史上来看,很多重大发明起初只是试图解决非常具体的某个领域的问题,然而一旦这种技术产生了,它将会在全然未预想到的领域产生重要应用,这些技术在其他领域运行并不在预设之中,因此对其把控有困难,这体现了人类理性的有限性。更严重的是,随着技术秩序的形成,我们开始发现人类在技术设计过程中甚至已经失去了发挥有限理性的位置。

基于哈耶克的自由秩序原理,已有一部分国内外学者开始认识到技术设计自身所具有的不完备理性的性质,得出"技术设计活动本身就是有限理性的主体,在一个'理性不及'的状态下的行为过程"的结论,认为技术设计活动始终表现出一种理性的不完备性和知识的分散性。但是关心这一问题的学者似乎默认这是关于技术设计无解的一个缺陷,并未提出解决技术设计自身局限性的可行性思路与具体对策。但是,随着信息技术时代的到来以及绿色发展成为时代主题,综合环境有了很大转变,全球发展对绿色技术的呼唤,大数据技术、人工智能、纳米技术、生物技术等新技术日益更新,让正视与解决技术设计不完备理性的局限性成为可能。这也是本书研究的重要目的与意义。本书从分析和解决技术异化问题入手,针对与异化问题相对应的方法对策不完备的现象以及技术设计理性不完备的问题,创新性地提出"设计技术"理念,探索弥补技术设计有限理性的新路径,为解决现代技术异化问题、推动绿色技术的产生进而服务绿色发展提供一套可操作的理论支撑和实践方法。

四、从技术范式角度分析技术设计

技术设计作为技术哲学的经验转向所指涉的重要概念,在经验转向的背景下引导研究者将目光聚焦技术本身所展现的基本特性,这是传统技术哲学研究领域的一个巨大转变。很多学者在分析技术异化问题与探寻解决方式时,主张可以通过运用设计策略在技术的发生、发展过程中进行干预。虽然这在理论上看似科学合理,但现实中收效甚微。在这样的反差下,本书将分析问题的重点放在了技术设计本身的理念、方式等方面。目前,技术设计活动自身存在的局限性得到了广泛的关注,很多学者对技术设计的否定是从设计活动本身的主观性因素参与、评价标准不唯一等角度展开的。例如,哈耶克认为,技术设计活动本身就是有限理性的主体在一个"理性不及"的状态下的行为过程。但是类似结论对剖析导致技术设计局限性的原因有一定片面性,忽略了技术设计局限性中对技术异化负责的根本性因素,同时也没有得出弥补技术设计局限性的可行性方案。

　　在对技术设计与技术范式的形成特点进行研究的基础上,本书发现技术范式对技术设计的理念、方法塑造有较强的引导作用,同时技术设计进一步维持现代技术范式的秩序。技术设计的具体理念与方法是在特定的技术范式背景下形成的,一旦成熟可独立于技术范式,并反作用于原有的秩序,或是对原有技术范式的加强,或是打破秩序,发生范式的更替。技术设计具有相对独立性,且与技术范式相互耦合。因此,本书通过分析技术范式与技术设计之间紧密的互动关系,将技术范式的微观结构与技术设计的要素相结合,从技术范式的角度分析技术设计的缺陷;在技术范式与技术设计的互动过程中,探寻解决技术设计局限性问题的可能性与方式。

第一章　技术设计与技术范式的理论分析

技术设计和技术范式是本书研究的关键对象。长期以来,学界对技术、设计、技术设计、范式、技术范式等对象的相关概念、本质认识等方面的内容并没有形成清晰、统一的认识,给研究与解决技术的异化问题设置了障碍。因此,本章主要从概念界定、内容界限、方法演变、哲学价值等角度,对技术、设计进行一般性分析与明确界定,并且根据技术包含的自然技术、社会技术以及技术体现的自然属性和社会属性等特征,建构了技术范式的"二层结构",为开展技术设计微观分析奠定基础。

一、技术与设计的一般性分析

(一)技术的界定与本质

技术与人类的历史相伴,具有悠久的发展历史。然而关于技术的定义始终无法统一,原因有很多。本书认为,其关键原因一方面是在漫长的历史发展中,技术的形态、内容和视角都发生了复杂的变化。因此,对技术的定义不能就某一特殊时期的具体技术形态进行界定,尤其是在将技术整体作为一个研究对象时,对其全面的定义是关键,既要尊重技术发展的历史表现,又要对解释广义的技术具有广泛的适用性。而这一点也正是目前所有关于技术的定义没有较好完成的。目前关于技术的解释大多从某一视角切入，或是技术的种类，或是人与技术的关系，或是技术与科学的关系等。另一方面是源于对"技术"一词本身使用与理解的歧义。西方语言中，technik 一词源于希腊语中的 techné。在最广泛的意义上，techné 一词用来表示需要专门知识的、目的在于制造某一产品的各种不同技能或者说手工式的活动。techné 一词是被当作一个总的概念来使用的，随着现实中技术的进一步发展，从总概念中衍化出很多类的名词和概念。比如，1540 年，欧洲人首次使用了 pyrotechnia 一词，表示火药或者烟花技术；1658 年，德国首次出现了 hydrotechnicus 等词汇，用来表示水利技术。随后，technologia 一词出现，这是由 techn 和 logos 组成的一个复合词，同时表达为英语中的 technology 和德语中的 technologie。根据 17 世纪到 18 世纪德国人、英国人对 technologia 的运用和理解，technologia 的词义可以说大约相当于语言理论。发展到 20 世纪，techné 与 technologia 之间的区别是非常明显的。一种观点认为，前者表示传统意义上的技术，是经验与实践；后者指的是对这些技术的文字上的描写与解释，是学问与理论，前者是后者的研究对象。除此之外，还有观点认为，techné 与 technologia 分别代表不同时代的技术，前者代表传统的技术，而后者代表现代意义上的技术。当关于技术的相关研究成果进入中国时，汉语中统一用"技术"一词来对 technique、technics、technical、technology、technocracy、technophobia 等词进行翻译。

1. 技术的界定

关于技术的定义，美国著名哲学家米切姆曾犀利地提出，技术的现有解释多种多样，如把技术说成是"感觉运动技巧"（费布里曼提出）、"应用科学"（本奇提出）、"设计"（工程师们自己提出）、"效能"（巴文克和斯考利莫斯基提出）、"理性有效行为"（埃卢尔提出）、"中间方法"（贾斯珀斯提出）、"以经济为目的的方法"（以奥特林费尔德为代表的经济学家提出）、"实现社会目的的手段"（贾维尔提出）、"适应人类需要的环境控制"（卡本特提出）、"对能的追求"（芒福德和斯潘格勒提出）、"实现工人格式塔心理的手段"（琼格提出）、"实现任何超自然自我概念的方式"（奥特加提出）、"人的解放"（迈希恩和马可费森提出）、"自发救助"（布里克曼提出）、"超验形式的发明和具体的实现"（德塞尔提出）、"迫使自然暴露本质的手段"（黑德格提出）等，某些解释在字面上都明显不同。卡尔斯鲁厄大学的伦克从梳理传统技术哲学着手，将近代以来对技术的解释归纳为九点，包括技术应用科学、工具系统论、权力意志的表现、对自然的解蔽、第四王国、基督教人类的自我拯救、创造"多余"、摆脱自然控制、人的自我认识等。综上而言，为了帮助开展本书后续论述，有必要在结合现有技术定义的基础上，明确规定本书所指涉的技术的相关内容。笔者认为，技术的定义可以通过必须涵盖的几个特点来界定。

首先，技术是具有目的性的活动。技术最原始的词汇源于 techné，意为需要专门知识、目的在于制造某一产品的各种不同技能或者手工式的活动。活动形式与内容的工程性与艺术性并存体现了 techné 的双重意义，即技术和艺术。而技术与艺术的根本区别在于其目的的不同，比如一个美丽的挂盘放在桌台上是艺术品，用以满足观赏与审美需求，若被当作盛菜的盘子，就成为技术产品。可以说，技术活动是有目的的活动，这个目的是技术产品的制造者为了实现一定的使用和实用功能而事先确定的。

其次，技术是人类作为主体参与的活动。按照亚里士多德的理解，技术与自然在多种意义上处于一种完全对立的关系之中：自然物以自然的方式形成，不依赖人的作用；技术产品则是人之所为。此外，黑格尔、马克思、卡普等人对技术的解释与本质的研究结论，都体现了人的主体性地位。

再次，技术是一个选择的过程。从某种意义上看，近现代技术的诞生并不是技术本身发展的结果，而是宇宙观或者世界观的变化导致的。随着科学与技术的紧密结合,我们可以说技术的过程是由自由与不自由两部分组成的:着眼于整体条件、逻辑可能、自然规律等,技术的过程是不自由的,科学前提决定其目的能否实现;但是着眼于技术过程的实现,对过程的选择是自由的。除科学依据外,随着现代技术的异化问题凸显,生态、伦理等多种因素与科学条件一并进入干预过程的选择之中。

最后,技术是包括社会技术、自然技术和思维技术在内的广义技术。对于技术的范畴,马克思认为,技术"揭示出人对自然的能动关系,人的生活的直接生产过程,从而人的社会生活关系和由此产生的精神观念的直接生产过程"①。马克思所说的技术,体现人类与外界之间能量转换、信息传递的过程,它起初在"人对自然"和"物质生活的生产过程中"表现出来,进而表现在"人类社会关系""以及由此产生的精神观念的起源"过程中。技术产生于一切人类的活动领域,这个活动领域不仅指自然界,还包括人类社会。技术是人类通过其理性的思维方式得到的。广义技术不限于技术与自然的关系,还包含技术与社会的关系、与精神观念生产的关系。

总而言之,本书认为,技术是着眼于一个人类设定的"目的",依托科学发展水平,通过人类的实践从"起始状态"过渡到"结束状态"的过程。技术之间组合产生的自身逻辑与力量、来自社会各因素的影响、人类物质和精神需求、生态环境的需求等成为影响过程中选择参考的因素。具体而言,在广义的技术范畴中,自然技术主要是根据人类的需求,依靠对自然现象和自然力量的运用而设计出来的技术人工物,用以改造天然与人工的自然系统的手段和工具;社会技术是主要服务人类治理社会和人类自身的手段与工具,具体表现为制度、管理、组织、教育、艺术等方面的技术;思维技术是人类理智和经验的产物,是

---

① 马克思:《资本论(第一卷)》,中共中央马克思恩格斯列宁斯大林著作编译局,译,人民出版社 2004 年版,第 429 页。

人类思维科学指导实践的中介和桥梁,是构建自然技术和社会技术的精神基础。

2.对技术本质的认识

技术的本质问题是技术哲学的核心问题,也是最难达成共识的问题,因此无论是国内学者还是国外学者都对这个问题进行了长久而艰难的探索,至今仍是众说纷纭、莫衷一是。从学科方法角度来看技术的本质,大致可分为以下几类:哲学维度上形而上学的技术、社会学维度上人类的活动、历史学维度上的历史产物、心理学维度上精神的物化以及工程技术意义上的"设计"。具体而言,技术的本质直观体现为以下几种。按照亚里士多德的观点,技术与自然在多种意义上处于一种完全对立的关系之中,其中自然物以自然的方式形成,不依赖人的作用,技术产品则是人之所为;黑格尔通过对技术主客体之间的互动关系的剖析揭示了技术的本质,认为技术是在技术主体与客体之间,从主体的需要出发,根据客体的性质改变环境,使之适应人的需要的主体的技能型活动或手段;哈贝马斯认为,技术不仅是生产力,而且是一种意识形态;埃吕尔认为,技术的本质是效率,绝对的效率是技术本质的内涵;温纳从政治学角度理解技术的本质,认为技术不仅是人类活动的辅助工具,而且是重塑人类行为及其意义的强大力量;芬伯格从技术的功能角度分析技术的本质,并认为技术的本质应该分为两个层次:一个层次是解释主客体功能的构成,另一层次是该功能的实现;马克思的器官延长论与器官投影论分别反映了人对自然的能动作用,即人以任何物种作为技术创造的尺度的技术观,以及人是技术创造的尺度的技术本质观;海德格尔试图通过对流行见解的考察来切入对技术本质的追问,其中流行的见解是,把技术看成是达到目的的手段和人的活动,即工具性和人类学的技术定义。海德格尔认为,工具性和人类学的定义虽然正确,但是不足以解释技术的本质。他从词源学的独特角度对"技术"一词作了细致的考察,在他看来,技术的原初意义在于揭去遮蔽。现代技术的揭示不仅能让存在者自动显现出来,而且这种支配近现代技术的揭示力量就是所谓的促逼。海德格尔把这种促逼着的要求称为"座架"。正是这种施之于人的促逼性的要求表明了技术的本质。诸如此类的技术本质观都有其合理性和意义,但是关于"技术的本质到底是什么"这一问题没有达成共识。

为了阐释技术的本质问题,本书认为,应该把哲学的和社会学的维度统一起来,沿着这个思路,应该建构一个系统化、过程化的技术本质理解框架。需要明确的是,这一框架包括技术、人类、社会、自然四个方面,分析技术的本质必然离不开技术与其他三者的关系讨论。首先,技术源于人类的劳动。正如近代技术哲学第一人科洛所说:"技术一词表达的是这种以征服自然为目的的活动,因此劳动的起源也是技术的起源。"理解和认知技术的本质必须从人类的劳动实践出发。人类创造出技术来服务人类自身,其目的在于改造和利用自然,同时也发展和完善人类自身。其次,技术是人类的实践活动,是人类自身之间以及人类与自然之间发生的关系。技术由人有目的地创造和使用,是人类本质需求的一种客观化表现。最后,对技术的本质认识还必须是一个动态的、过程性认识。技术以及技术系统的出现是有一个过程的,技术在进入社会运行之前,有其自我完成与实现的过程,有其自身的结构。若把技术当作既成事物来分析,对技术的本质了解将片面化。只有作为过程的技术才能与多样化的人类行为和社会情境联系起来。人类是技术的自我完成与社会运行全过程中的参与主体。

综上所述,本书对技术的本质的认知更倾向于将其看作一种人类的设计。从人类的物质、精神、生态需求出发,依托科技基础、伦理、文化等社会、自然方面的集合因素,在技术自我完成与社会运行过程中进行设计参与。

（二）设计的一般性解释

1.设计的词义解释

设计的研究基础具有交叉性，从技术、工程、艺术等多个不同领域对技术的理解造成了对设计内涵的理解混乱。设计的含义在中西文化史和学术史上都经历了十分复杂而有趣的变化。从设计的词义来看，西方语言中的 design 一词来源于拉丁语 designara，具有"画上符号"的意思，是指用各种符号、画像或者立体模型将设计的思想表达出来。据牛津词典记载，大约 15、16 世纪，两个法语词 dessein、dessin 共同支撑了设计一词的含义。其中 dessein 是实现目的的计划，而 dessin 是专门指向艺术中的设计行为。而英文词 design 吸收了这两个词汇中所蕴含的两种含义。根据词源的分析可以了解到，"设计"一词出现伊始，便具有功能性和艺术性的两面性。设计存在偏审美与偏功能的两种倾向，当设计偏审美时，就形成了着重于满足精神需求的艺术设计；当设计偏功能时，就形成了以满足物质需求为主的工程技术设计。在古代汉语中，"设计"的主要含义是"计谋"。"设计"一词最早见于《三国志·魏志·高贵乡公髦传》："赂遗吾左右人，令因吾服药，密因酖毒，重相设计。"[1]"设"指"施陈也"；"计"指"会也，算也。凡会集其事，核其多寡皆曰计"。[2]"设计"一词的用法很多，根据不同词性可以做不同的理解。当"设计"作为名词来理解时，是指某项具体的设计行为或设计结果；当"设计"作为动词来理解时，是指实施设计的动作或过程等；还可以作为形容词来理解，比如具有设计感的事物。除此之外，从选择的角度来理解设计，设计更类似于一种抉择，为了实现某一目的或达到某种效果而对设计过程所涉及的备选方案进行抉择。从创新的角度来理解设计，设计不只是对现成的东西进行简单取

---

① 汉语大词典编辑委员会：《汉语大词典（第十一卷）》，汉语大词典出版社 1993 年版，第 84 页。
② 《辞源》，商务印书馆 1999 年版，第 2303 页。

舍的选择,而是体现为一种从无到有的构造行为。

设计的具体实践在18世纪之前都更偏重艺术表现,更倾向于"艺术设计"范畴。比如《大不列颠百科辞典》从艺术品外形各种因素的协调和审美角度来解释设计。在此意义上,设计与构成同义,可以从平面、立体、结构、轮廓的构成等诸方面加以思考,当这些因素融为一体时,就产生了比预想更好的效果。伴随着大工业的发展,产品设计和建筑工程等工业设计活动越来越成为"设计"概念的主导方面。① 设计的倾向在19世纪后发生了改变,从偏艺术转向了偏工程,偏重技术构造。但是这绝不代表设计放弃了艺术的追求,而是形成了工程主义和人文主义的两大传统,现代设计更多地体现了工程设计和艺术设计的有机结合,以艺术、技术和工程等为设计手段对各种资源进行组织与筹划,服务设计所期的功能目的。

2.设计的本质

对于设计的本质进行探究,可以从存在、目的、表现形式以及不同形式的实践之间比较多个角度展开。首先,设计的本质与设计的存在是交织在一起的,设计的存在论中暗含了设计的本体论。因此,从存在的角度对设计的本质进行探究,有利于从更多的角度解释设计。设计是一个涉及多种复杂因素的多面体,在不同的语境下有不同的研究视角。设计存在的具体形式与我们所关注的具体设计问题有关。这样,设计的本质与设计存在的语境的特殊性和具体性产生了决定性关系。其次,从设计与人的关系角度来理解设计的本质。设计实践与目的中所体现的"人为"与"为人"是设计本体论的核心思想。柳冠中概括了设计本质在设计目的方面的体现:"工业设计为人服务的最高目标就是不断创造丰富的具有物质功能和精神功能的产品,形成一个由各种产品组成的物化系统环境,进而为人们提供一个合理的生存和使

---

① 朱红文:《"设计哲学"的可能性和意义》,《哲学研究》,2001年第10期。

用方式。"①日本学者大智宏和佐口七朗通过对设计本质的研究认为："缺少人类实践参与的设计将变成无根的浮萍,漫无目的地飘浮在物象化的水面上。因此,必须将它重新返回到人的手中和意志中。而回归的意志一定不能是被物化了的意识和欲望,只有把设计前具有自然欲望的自然存在的人和设计后具有精神欲望的人类自然放在对称的位置上,才有可能开始真正的设计活动和设计理论研究。"②最后,美国学者西蒙通过对设计、科学、技术三者之间的比较感知设计的本质。他最早提出了"设计科学"的概念,指出设计是服务于制造人工物的科学,它不属于也不同于在科学和技术的知识体系中发现客观世界规律的任务和目的,而是将目光聚焦关注事物之所以然,属于创造性的科学。技术告诉人们"可以怎样",主要应用于对天然自然的掌控与改变;而设计则综合运用科学知识和技术知识,关注事物"应当如何",以何种形式才能更好地实现改造和形成人工自然的目的。

通过对设计的词义进行历史性分析,对设计与设计的具体形式和事物的关系研究,对设计与人类关系的探讨,以及对设计与科学、技术的比较分析,本书将设计的内涵与本质概括、提炼为一种有目的的创造和选择,设计的主体是人类。其中设计创造之意是指利用现有人力、物力、财力资源,绘画、制造等具体工作方法,结合设计者自身具备的思维方式和能力,将想象中的意向呈现出来的实践活动;设计的选择之意是指围绕着目的和明确的设计对象,在其改变过程中对备选因素和方案进行选择的实践活动。

3.设计的方法论

设计哲学的根源可以追溯到文艺复兴时期以及这个时期的一些代表人物,如培根、伽利略等。发展到 20 世纪,设计主要以工艺方法、侧重于绘画和制度等实践形式出现,而后在不断发展中经历了逐渐定

---

① 柳冠中:《工业设计学概论》,黑龙江科学技术出版社 1997 年版,第 39-42 页。
② 大智浩,佐口七朗:《设计概论》,张福昌,译,浙江人民美术出版社 1991 年版,第 45-46 页。

型，又经历了变形和发展。设计实践形式的发展主要是由于 20 世纪工业产品设计差、质量不合格、工业专业设计者在实践中经验不足等问题的暴露。莫里斯认为，质量差不是技术或艺术的问题，而是因为整个资本主义商业体系将贪婪置于质量和社会责任之上。这样的批判将设计引向了回归过去的手工艺传统的运动。然而，工业和商业体系本身并非设计和生产中质量差的原因，也并不是回归过去能够解决的。在这样的背景下，通过提升方法的设计教育，学习道德和社会目的的人文主义开始兴起。在乌尔姆应用科学大学的推动下，20 世纪的后几十年，人们对设计的方法与系统的方法论研究扩大到了设计调查和设计研究活动，设计方法运动由此开始。英国设计者琼斯开发了一个统一的设计系统，将传统的直觉和经验方法与严密的逻辑和数学方法合并在一起，以减少设计中的错误和延误，产生更多富有想象力、先进的设计。与琼斯的设计方法相对应的是英国工业设计者阿彻，其发表在《系统设计者》上的实践设计方法论成为设计方法运动的基本理论之一。他在关注设计行动的同时，也关注当各种各样的新材料和新过程变得复杂时，某一方法能系统组织设计行动的可能性。他认为，设计方法的探索是一种创造行为学科的发展，反对规定价值的思想和一成不变的自然法则，赞成设计的短暂性和设计者在所有方法的使用中持有多种变化的价值。学者利特尔同意阿彻的基本观点，但是其研究重点是在设计工作的计划和准备的早期阶段。他强调，设计方法论的发展需要在两个方面做出进一步的努力：一是研究设计推理的逻辑性和设计过程中有争议模型的发展；二是发展这一模型的其他版本以保证与设计者使用的实用性版本相一致。

20 世纪 60 年代，诸如上述的设计方法运动的领导人热情地推动了设计方法的研究，但是在 20 世纪 70 年代他们发现了许多不尽如人意的地方。比如，设计方法运动的早期著作有关原理、目的和价值的问题，但随后他们的研究只关注设计实践范围内的操作，受狭隘的实用和操作兴趣影响，只对寻求实用方法和技巧感兴趣，而非深刻理解方法论和原理的问题。无论如何,20 世纪设计方法论的巨大成就反映出人们对人造世界本质连贯的实践调查。设计的方法论重在探究设计的原则和目的,其结果不是一个单独的设计理论或设计系统,而是展示设计文化生态的多重方法。从这个角度看,20 世纪设计的发展是以人类思考基本问题所形成的顺序为标准,展示了对人造世界创作题材连贯的实践性调查。不断地设计探索也对人的日常生活各个方面形成影响。"产品"的概念在整个 20 世纪得到了完全扩充,从工程设计、建筑产物等物质人工物发展成可以延伸到任何一个被设计出来的成果。"设计者"概念也可以延伸到任何一个进行统筹和规划人造世界各个方面工作的个人。设计的历史不仅实现了创造题材和产品的多元性,也实现了设计者和设计研究者在技术、方法和技巧上选用的多样性。20 世纪的设计成就与设计方法论成就有着紧密的联系,其中几项对未来的设计有潜在长远的重要意义。首先,更深刻地意识到生活中人工物的特性,人工或人造的范围以及创造过程中人类所具有的责任;其次,这些成就为人们深刻反思设计的艺术、方法和技巧留下宝贵财富,体现在设计中问题解决方案的多样性以及思维、行为过程的多样性;最后,改变过去认为设计是没有思维和依据的奴性生活的观点,逐渐认可了设计在人类文化中的重要性。

(三)技术的设计性内涵

一直以来,技术与设计都是携手共进的,技术的形成与发展过程中的每一个环节都面临着选择,技术形成于设计之中,设计也是在技术的发展过程中随之演变的。人工物与天然物的区别主要表现为人工物是人类设计的体现。在设计新的技术人工物时,设计者必须能够创造性地将各个要素组合起来,从而满足实践手段、目的或功能上的要求。从原始社会发展到现在,再延伸到可以预计的未来,人类的设计可以分为造物设计阶段、手工设计阶段、工业设计阶段和非物质设计阶段,设计的阶段划分以设计对象——技术——的背景和条件为依据。因为,在研究技术与设计的关系范畴内,技术与设计一直紧密联系在一起。

1. 技术与设计的关系

关于技术与设计的关系,可以从二者的外在关系与内在关系两个角度来分析解释。

首先,要辩证地看待设计与技术的外在关系:技术与设计互为基础,技术是躯体,设计是灵魂。一方面,设计为技术制定了方向和目标。被渗透了设计的技术人工物能够更好地满足人的需求,展现技术产品与人之间形成的某种和谐关系、情态和生活状态。设计使技术变成有血有肉的技术。另一方面,技术也是设计实践的引领者或者是约束者。技术是进行实践活动的基础,技术水平是设计综合性组织和运用自然的、科学的或者人为的信息的工具,技术基础承载的伦理、价值都影响着设计思考的方式与目的。总而言之,技术作为"硬件"推动设计完成更高难度的构想与现实的转换;设计作为"软件",用自身蕴含的精神方面的内容使技术更贴近人们生产、生活的真实需求。在技术的发展过程中,用以中和技术纯工程主义的发展传统,设计的实践是作用在技术的具体环节中的。

其次,统一的技术与设计的内在关系:技术本体呈现出天然的设计属性,设计也是一种综合性的技术活动。随着技术哲学经验转向的发展,荷兰代尔夫特学派提出的技术人工物双重属性的研究路径得到了广泛认可。克罗斯曾指出,技术人工制品依据客观定律形成特定结构,展现一定的功能。在技术的结构与功能之间,设计就像一个"翻译官"一样,将技术的功能描述转移为结构表达,根据功能需求在构建结构的过程中发挥选择、设计的作用。马克思曾用"想象的存在"和"现实的存在"来谈论技术。"所谓'想象的存在'就是'观念的东西',是'表象的、期望的存在';所谓'现实的存在'就是已经达成的感性的存在,是'从观念转化成生活'。"①设计就是完成从"想象的存在"到"现实的存在"转变过程的重要实践活动,同时设计行为自身的信息存在向物理存在的转变也在这个过程中完成,即将设计的构想、联想之类的信息通过设计题材承载的方式转变为具体的器物、产品、工程等。技术的发明仅仅是技术的生命起点,判断技术的好坏、优劣和价值大小要从技术发生、发展、应用与解构全过程来判断。设计正是全程参与这个过程的关键因素。可以说,技术本身内含设计属性。设计在工程与人文范畴内的变化,是使技术发展呈现出工程主义和人文主义两大传统的根本原因。此外,朗格对技术的研究指出,所有表现形式从无到有的创造都是一种技术,设计当然也属于一种创造的表现形式,可以说设计本身就是一种技术。从另一个角度来看,设计在中国的语境下可以被理解为"经营",而经营有筹划、管理、构思的意思,这属于广义技术的社会技术和思维技术。我们还可以根据米切姆关于技术的定义进一步了解技术与设计的内在关系。米切姆认为,技术是包含若干层次的一个体系,具体而言分为作为对象的技术、作为知识的技术、作为活动的技术与作为意志的技术。设计不是一蹴而就的静态实践,而是展现为一个动态的实践过程。如此看来,设计的构思(基于社会需求和科学理论)相当于作为知识的技术和作为意志的技术;技术设计的实施及生产过程相当于作为活动的技术;技术设计的物化成果——人工物,相当于作为对象的技术。

2.技术与设计的区别

技术与设计存在紧密的联系,但是不能在全部意义上将技术与设计等同起来,技术应始终站在设计的客体位置上。具体而言,技术与设计的区别主要表现在以下几个方面。首先,二者关注的对象不同。技术本身主要侧重客观的物与物之间的关系,其核心是要解决人为用

① 肖峰:《哲学视域中的技术》,人民出版社2007年版,第9页。

物的问题;而设计则在人的主体行为中侧重物与人的关系,设计目标理想的状态是解决物用为人的问题。其次,二者与艺术在不同技术背景中呈现的关系不同。从出现时间来看,设计和技术的萌芽先于艺术、独立于艺术而存在。在手工艺阶段,实践活动中技术、设计和艺术三者有机结合,实践主体兼任技术主体、设计主体和艺术主体,其中设计与艺术的关系更为紧密。发展到工业化之后,随着劳动分工的进一步细化,设计师、工程师和艺术家分别开始作为专门化的职业而出现。随着近现代物理、数学等科学知识的发展,逐渐影响人们的思维逻辑,艺术的地位明显低于功能与理性,与艺术交叉的技术美学这一规律性的审美也是以功能主义与理性主义为前提的。最后,二者的自然属性不同。作为与人类共同发展的技术与设计,都呈现了自然属性与社会属性。而技术与设计的不同主要表现为自然属性的区别。技术的自然属性表现为依据客观的自然科学知识,对规律和现象的应用,充满理性与客观的色彩;而设计的自然属性是关注人类作为自然存在时的自然需求与欲望,表现为感性与理性并行。

二、技术设计的哲学分析

在技术哲学研究中"尽管有大量的文献关注技术,但技术很少成为技术哲学家的主题。即使有众多著作关注技术对人的影响,但很少有关技术本身"[①],经典技术哲学理论基本上把技术作为既定事实存在加以考察,持久热切地关注技术大规模扩张的社会运行及影响,而技术人工物、技术设计活动本身却被排斥在技术哲学关注的视域之外。人们对技术"没有从它同人的本质的联系,而总是仅仅从外在的有用

---

① Achterhuis H. American Philosophy of Technology[M]. Bloomington: Indiana University Press, 2001:56.

性这种关系来理解"①。人们对技术的探讨囿于技术乐观主义与技术悲观主义的对立、技术自主论与技术工具论的争论、技术人文主义与技术科学主义视野的对峙、技术乌托邦与技术敌托邦的漩涡。鉴于经典技术哲学研究传统的缺陷,20 世纪 80 年代以来,欧美技术哲学研究形成了"经验转向",力图将技术的哲学分析建立在对技术的复杂性、丰富性的经验进行充分描述的基础之上,而不是建立在对技术预先设定的基础上,从而使技术哲学研究更加关注那些与技术有关的技术人工物、技术设计、工程活动等问题。

对技术设计的哲学分析,使技术哲学的提问方式发生巨大转变,使技术哲学的追问基点建立在可靠的技术事实本身上,使对技术的本质解读、价值分析和发展透视建立在对技术设计实践的内在洞察和经验充分描述的基础上,有助于真正打开技术黑箱,更加关注技术的设计、实施与发展问题,从而区分"关于技术的学问"(对技术本质的描述)和"追问与技术有关的东西"(谈论与技术有关的经济、政治、文化等话题)。对技术设计的哲学分析有助于人们更加自觉合理地进行技术控制,真正使技术实践朝着有利于人的方向发展。

(一)技术设计及其本质分析

现代技术开发的复杂性、发展结果的难以预料与控制的发展趋势,要求我们对技术的关注、研究必须回到技术的实践中去,完成技术研究的"经验转向"。因此,本书首先要从理论和实践角度对技术设计进行全面而深入的认知。技术哲学家阿诺德佩斯认为,经验原本是丰富的、多层次的,它既包括知识和实用技巧,又包括政治、价值、信仰等相关联因素;既具有社会共性属性,又具有个体属性。技术设计作为技术哲学经验转向指向的关键概念,对其分析既要坚持从整体上描述

---

① 马克思:《1844 年经济学哲学手稿》,中共中央马克思恩格斯列宁斯大林著作编译局,译,人民出版社 2000 年版,第 88 页。

和阐释技术设计实践以及技术设计所涉及的相关因素,又要从分析角度对技术设计进行认识论、本体论等角度的认知。

1.技术设计的语义辨析

技术设计涉及的实践领域广泛,其内涵与外延具有显著的交叉性。整体而言,技术设计是从技术和艺术两个维度展开的实践活动,既与现实生产的制造和运行等技术因素相联系,又与美学和社会伦理道德规范等艺术因素相联系。从古至今,技术与设计的词义随着时代的变化,其内涵与强调的重点有所变化,在不同时期,技术设计与艺术设计、工程设计等词汇的含义互有交叉,甚至可互相替代使用,因此有必要对与技术设计相关的近义词进行辨析。

18世纪之前的设计活动偏重艺术表现,设计的词义限定在艺术范畴之内。1786年版的《大不列颠百科辞典》将"设计"解释为:艺术作品的线条、形状在比例、动态和审美方面的协调。因此在以手工艺为主的古代,设计基本等同于艺术,被称为艺术设计。手工艺工作者兼任工匠与艺术家,负责从艺术设计、绘画表达到将符号转化成物质产品的全过程。在这个过程中,技术与艺术设计具有内在的统一性,技术往往服从于艺术设计的需要。这一时期技术设计的词义可以用艺术或者艺术设计来替代。

19世纪,随着自然科学的发展,科学以其不容置疑的客观性展示了强大的力量,并渗透到了技术领域。受到自然科学影响的技术与艺术设计之间开始出现了分离。设计与艺术的区别、技术与设计的区别日益明显,技术的发生与发展以及设计的方法、理念、目的依据均由艺术需求转向自然科学。这一时期仍然有艺术设计的概念,但与18世纪的艺术设计含义明显不同。此时的艺术设计开始离开实际生活而与绝对的美绑在一起,力求摈弃一切非艺术的杂物,包括道德、宗教这些东西,转而追求绝对的美、艺术的美,而不是与善结为一体,并且闪着真实光辉的美。

20世纪,技术与艺术的分离所产生的一系列弊端开始暴露。新的技术创造所能带来的功能效率成为人们最为关心的内容,艺术、审美、伦理等设计因素在生产、生活中失去了生存的空间。这一时期,由拉斯金和莫里斯发起,并由手工艺运动延续下来的对商业体系的批判引起了工业文化背景下对技术设计新的思考:提倡反对工业化的论调,回归艺术设计时代,推动艺术在工业中的融合。然而回归手工艺时代的技术设计论调不是解决工业时代技术设计弊端最合理的方法。对此,包豪斯派创立董事格罗皮厄斯提出了"综合法",目的是将技术知识和艺术构想相结合。格罗皮厄斯移居美国,进入哈佛大学后,对"综合法"的正式表述出现在他的各种演讲和对包豪斯课程的阐述中。然而现实与理想总是容易出现裂痕,美国的设计教育极大地支持实践性、操作性和实用性的方法,这一倾向在现代技术范式中也有所体现,技术设计更多地体现了工程主义传统。

工程主义传统下的技术设计与工程设计的意义相近,因为这一时期技术与工程的概念相近。18世纪晚期,"工艺"通过现代拉丁语进入德国,德国工程师采用"工艺"代替了官方学派的术语"技术"。尽管"技术"一词从未完全消失,但由于某些原因,它并没有被德国工程师和实业家接受。19世纪中叶,工艺已经与工业艺术密切相关。"工艺"一词将物质生产的所有技术作为一个整体包含在内。工艺又可以等同地翻译成工程,因此,可以说技术包含在工程之内。关于技术与工程的关系,存在两种声音:其一是主张技术与工程不同的观点,提出科学—技术—工程"三元论"。钱学森将现代科学技术体系在纵向结构上分成基础科学、技术科学、工程技术三个层次,指出了技术科学在连接基础科学和工程技术中的作用。其二是认为技术与工程"相互之间没有必要区分,也很难区别开来"。事实上,技术与工程是两个不同的概念,但是二者密不可分。根据本书对技术的定义:技术是包含自然技术的狭义技术和包含自然技术、社会技术、思维技术的广义技术。结合工程与技术的关系,可以认为,工程设计不能完全等同于自然技术设计,但是可以基本等同于广义的技术设计。如果说二者之间有差别,应该是工程设计区别于自然技术设计。

总而言之,随着技术发展的依据由经验转向科学,技术发展的目的由满足物质与精神需求转向单纯的物质欲望,以及技术自身发展水平的不断提升,技术设计的词性意义在人文主义传统与工程主义传统之间发生了转变。在当今的时代背景下,技术设计更多地呈现工程主义传统。对技术设计相近词汇的辨析有助于动态地理解技术设计的内涵。

2. 技术设计的本质特性

由前文论述可知,技术设计的发展拥有一段特定的历史过程。设计演化成一种专门的技术是对工业生产的一种回应,而在这之前,设计是隐藏在工艺制作中或附属于工艺制作的,设计师没有专门独立的身份。推动技术设计发展成为一种专业活动的最关键动力就是随着科学与机器发展出现的大规模生产模式,劳动分工使设计活动与原本丰富、密切的情景相分离。人类技术发展到当代,技术已经成为一个复杂的体系,技术设计在复杂的技术体系中具有独立意义,技术设计就是要解决"做什么""怎么做""为谁做"的问题。

技术设计作为技术哲学的经验转向所指涉的重要概念,建构了当代技术哲学的核心话语。因此,当代许多技术哲学家都将目光聚焦在技术设计上。19世纪后,伴随着大工业的发展,技术设计活动越来越成为"设计"概念的主导方面。司马贺在《人工科学》中指出,自然科学处理的问题是"事物是怎样的",而技术设计,如同所有的设计一样,所处理的问题是"事物应该是怎样的"。[1] 米切姆的多篇论著如《作为生产活动的工程》《思考工程》《工程设计研究与社会责任》等,从哲学角度阐述工程,论述了技术设计作为一种工程活动,构成了"一种崭新的

---

[1] Simon H. The Science of the Artificial[M]. Cambridge: MIT Press,1981:132-133.

哲学生活世界的模式"①。皮特的《技术思考：技术哲学的基础》《工程与建筑中的成功设计——一种对标准的呼求》《设计中的失误：哈勃太空望远镜案例》等论著从技术行动论角度，把对技术设计的分析思考建立在具体案例的经验实证研究之上，形成了以技术模型为基础的设计过程模型。② 文森蒂在《工程师知道什么以及他们如何知道的——基于航空史的分析研究》中指出："设计过程可以在上下和水平层次上交互作用，工程是一个设计的过程。"③ 布西阿勒里在《设计工程师》中，将设计视为工程活动的核心，从社会建构论视角，讨论了技术设计是一个动态的社会建构的社会过程。④

近年来，技术设计也开始进入国内技术哲学探讨的视野。李伯聪等将技术设计作为工程哲学的范畴加以讨论；陈凡等把技术设计纳入技术哲学研究，把对技术设计的讨论渗透于对技术知识、技术认识论的研究；张华夏和张志林将技术设计纳入技术解释研究系统，在《技术解释研究》一书中提出，技术设计是技术认识论的中心概念之一，旨在说明如何构造一个尚未存在的人工客体，由"操作原理"和"具体型构"两部分组成。

综合目前学术界对技术设计的界定，技术设计大致分为以下几类。

第一，从一般意义上定义技术设计。一些学者认为，技术设计是创造性的天赋，是解决问题，是在可能的解决方案中寻找恰当的路径，是对各部分的综合。⑤ 技术设计意指制作一个特定的人工制品或制定一个特定的活动计划和安排，是一种社会性的调节活动。

---

① Mitcham C. The importance of philosophy to engineering[J]. Teorema,1998,17(3):27-47.

② Pitt J. Thinking about Technology:Foundations of the Philosophy of Technology[M]. New York:Cambridge Press,2000:12.

③ Vincenti W. The experimental assessment of engineering theory as a tool for design[J]. Techné,2001,5(3):31-39.

④ Bucciarelli L. Designing Engineers[M]. Cambridge: MIT Press,1994:18-21.

⑤ Love T. Constructing a coherent cross-disciplinary body of theory about designing and designs:Some philosophical issues[J]. Design Studies,2002,23(3):351.

第二，从实践行为角度定义技术设计。技术设计是人类为了实现某种特定的目的而进行的创造性活动，它包含于一切人造物品的形成过程中。"从某种意义上说，每一种人类活动，只要是意在改变现状，使之变得完美，这种行动就是设计性的。"①西蒙指出："在生产物质性人工的智力活动中，凡是以将现存情形改变成向往情形为目标而构想行动方案的人都在搞设计。"②技术设计是使机器工具的操作使用更符合人的行动过程的动机和目的。

第三，从科学与技术的关系角度定义技术设计。有些学者认为，技术设计是用知识连接功能和结构的，要将需求转换为设计描述。需求一般被称为功能，具体表达所设计的人工制品的目的：通过理解和应用自然规律，丰富人类条件所匮乏的创造和实现活动。技术人工物既是设计的结果，又是设计的过程。设计的过程既包括物理结构的形成，又包括功能的实现，而这都包含在人类活动情境中。

第四，从社会物质活动角度定义技术设计。技术哲学家邦格认为，技术从整体上"可以看作是关于人工事物的科学研究，或者等价地说，技术是研究与开发。技术可以被看作是关于设计人工事物以及在科学知识指导下计划实施、操作、调整、维持和监控人工事物的知识领域"③。曾任美国商业部部长的霍洛蒙认为，技术设计的序列是"需要，发明，革新，传播与采用"④。文森蒂认为，技术设计从技术问题提出开始，并不是提出假设，而是提出各种不同的设计方案，然后对不同的设计方案进行模拟与检验、评估与选择，进而加以实施或者制造，从而提出新的技术设计模型。

---

①　第亚尼：《非物质社会：后工业世界的设计、文化与技术》，四川人民出版社 1998 年版，第 87 页。

②　司马贺：《人工科学》，武夷山，译，上海科技教育出版社 2004 年版，第 103 页。

③　Bunge M. Treatise on Basic Philosophy[M]. Dordrecht：Springer，1985：231.

④　Richards S. Philosophy and Sociology of Science[M]. England：Basil Blackwell Press. 1985：126.

以上四类对技术设计的定义,都是从单一方面谈到了技术设计的属性和特征,基本上反映了人们从不同角度、不同层次对技术设计的理解,但是没能从哲学高度对技术设计的本质进行概括与思考。综合这些研究观点,本书认为,技术设计是人们为了满足自身需要,基于对自然规律和自然界物质、能量和信息的利用,以技术手段来创建、控制、应用、改造人工自然系统和生产技术人工物,从而形成一种新的合理生活方式的创造性活动。从外延上看,技术设计涵盖了工程设计、工业设计、产品设计等设计活动。现代技术设计作为复杂的社会现象具有以下基本特征。

首先,技术设计具有系统性。技术设计是人类生产活动的一个重要环节,是对设计目标进行构思、计划并把设计目标变为现实的技术实践活动。技术设计的目的是建立新的具有特定功能的技术系统。技术创新是一种广义的设计,涉及新原料、新生产方法、新产品、新市场、新的组织管理形式等诸方面。技术是一种发明,同时也是一种设计,经过不断设计的技术最终物象化为社会经济系统中的人工物。

其次,技术设计具有整体性。技术设计的本质是创造技术人工物。技术设计先天地具有交叉学科或跨学科的性质,现代技术设计在明确的意向目标或功能定位的前提下,用艺术、技术和工程等手段组织各种资源来筹划、组织、实施,以期实现意向目标或功能。

再次,技术设计具有创造性。司马贺在《人工科学》一书中讲到技术设计问题时指出:"工程师及更一般的设计师主要考虑的问题是,事物应当怎样做,即为了达到目的和发挥效力,应当怎样做。"[1]技术设计是人类最为重要的创造性活动之一。技术设计在一定程度上源于灵感和大胆的猜测。

最后,技术设计具有社会性。技术设计过程是一种社会建构过程。相关联的社会群体荟萃于技术设计进行互动,具有更多的制度与

---

① Simon H. The Sciences of the Artificial[M]. Cambridge: MIT Press,1981:132-133.

文化规约。技术设计是一个社会心理过程,折射着不同利益、不同价值观等因素的碰撞与交融,体现着重建过程的扬弃发展。技术设计是一个充满矛盾的过程,它表现为一个动态的、连续的、反复的操作规程,可以在不同的方向发展,各种因素错综复杂地影响着技术设计。

(二)技术设计的要素分析

从技术设计的认识论研究维度看,技术设计过程是一种认识活动,关注技术设计主体、客体、手段及技术设计过程中的认知结构问题。美国技术哲学家皮特在《技术思考:技术哲学的基础》中提出"技术认识论"及其模型,即"人类打算如何活动的模式"(以下简称 MT 模式)。他认为,MT 模式包括三个转换:第一个层次转换是认识主体——人类面对某个问题所做出的决定;第二个层次转换是人类改变现有的物质状况并获得人造制品;第三个层次转换是对技术应用后果的评价。[①] 在技术设计认识活动中,技术设计认识的主体是人类,是认识过程中主观方面的代表,是技术设计认识能力的活载体,居于主导地位并起主导作用。技术设计认识的客体是技术对象,是那些对主体对象性活动具有现实意义而被纳入其结构并与主体发生相互作用的技术对象。其作为技术设计认识具有客观性的前提和基础,既是技术设计认识发生的前提,又是技术设计认识的结果,还是主体认识能力的表征。联结技术设计主体与客体的桥梁就是技术设计的实践,是人类能力进步、技术产生与发展的源泉,是认识发展的动力,是检验认识真理性、评价认识成果先进性的重要环节。

1.技术设计的主体

设计是一项人类活动,技术是人类区别于自然物的人工物存在,技术与设计是伴随着人类的产生而萌芽的。技术设计毋庸置疑也属

---

① Pitt J. Thinking about Technology:Foundations of the Philosophy of Technology[M]. New York:Cambridge Press,2000:33.

于一项人类的活动,是人类对技术的创作进行规划,使其在未来的使用中产生价值。作为技术设计主体的人类(在本书中我们称为"设计者"),在参与技术发生、发展、应用与解构的全过程中所展现的思维与行动是设计主体思考的切入点和行动准则。从这一意义上而言,设计行为是设计者主体意识和多样化需求的输入。设计和技术既是人类改造世界、从事实践的工具与产物,又是人本质的对象化存在。设计和技术同为人本质存在的不同维度,是人的本质的展现。技术与设计关系存在的基础是人,因此,人类是技术设计的关键主体要素。

荷兰学者道斯特根据设计专长的不同划分设计者类型,包括从缺乏经验的设计者到梦想家七类:一是缺乏经验的设计者,这类设计者不懂设计是一系列的活动,习惯于把设计实践看成是从一堆方案中选择一个想要的方案,致使他们做出这样选择的思路是"想要设计一个那样的东西";二是初学者,他们一般会严格遵守规则,为了解决设计中的问题而去学习一套成熟的技巧和方法;三是高级初学者,他们除了严格遵守规则,还具备一定的敏感度;四是合格设计者,他们拥有一定的战略性思维,具备一定的赋予能力;五是真正的设计专家,这类设计者拥有一定的经验,能够在情境中识别出高水平的设计,能够凭直觉来回应具体的情境并立刻采取合适的行动;六是大师级别的设计者,对这类设计者来说,不存在标准的工作方法,他们能够展示的是一个更深层、更完整的行业领域;七是梦想家,他们作为世界的揭示者,发现了新的方法,解释了新的世界,创造了新的领域,会关注异常的事物和边缘事件。相比之下,低级别的设计者对问题进行反思时往往反思的是规则本身,而高级别的设计者反思的则是在新的设计环境中如何改变与应用规则。[①]

---

① 梅杰斯主编:《爱思唯尔科学哲学手册——技术与工程科学哲学》,张培富,等译,北京师范大学出版社 2015 年版,第 541 页。

2.技术设计的客体

根据前文分析,技术具有自然属性和社会属性的综合性内涵,在具体分类上可以分为自然技术、社会技术以及思维技术。因此,技术设计是建立在自然技术、社会技术与思维技术三个维度上的实践活动,既与现实生产的制造和运行相联系,又与文化、社会伦理道德规范、经济等社会因素相联系,还与人类特有的思维能动性相联系。在技术设计的正常逻辑中,包含自然技术、社会技术、思维技术在内的广义技术是技术设计的客体,是人类发挥设计功能的实施对象。技术设计的客体在技术发展的不同阶段,聚焦的具体设计重点不同。

首先,前工业时代的技术设计客体是维持生存的自然技术。摩尔根在《古代社会》中将人类社会早期划分为三个阶段,即蒙昧时代、野蛮时代和文明时代。其中蒙昧时代的主要技术形式表现为简单的人工取火、弓箭狩猎等实践;野蛮时代的主要技术形式表现为制陶术、畜养动物、灌溉农业、房屋建筑、冶铁技术等。从这一时期的具体技术形式可以看出,技术设计在前工业时代主要是作为人类的某种适应自然的生存技能,具体表现为简单或稍复杂的实用工具,生产力水平极其低下。这一时期的技术集中表现为劳动者的手的技能,人类发明和更新技术的主要目的是维持生存和温饱。由此可以发现,在简单的社会建制和原始的社会文化下,这一时期的人类与社会对社会技术和思维技术的需求并不多,人们非常重视器物的实用功能,技术设计也主要围绕着关乎人类生产生活的方面着眼。比如,先秦文化的代表墨子、韩非子、管子等人非常重视技术的发明与运用,他们在器物设计和制造方面特别重视器物的实际功用,强调要以人为中心来设计和制造工具。当时最能体现人文关怀和实用为本设计理念的典籍为《考工记》,全面地论述了这一时期的手工设计、制造工艺和制作规范,几乎每一类器物的设计制作、工艺标准和质量检验均是以人用为基点。西方国家的技术设计有着同样的理念。比如柏拉图强调逻各斯必须参照善的价值。在《高尔吉亚篇》中,苏格拉底指出,善是人的一切行为的理性目的,即行动就是实践善本身。按照这种理路,技艺或艺术需要服务于善。综上可见,前工业时代的技术设计客体更多集中于简单的自然技术方面,其设计理念以实用、人本和从善为基本。

其次,工业化时代生产的技术设计客体是服务经济的自然技术与社会技术。如果说古代技术设计的客体主要是维持生存的自然技术,那么近代技术设计就是围绕着生产、经济等因素的高级别自然技术和社会技术展开的。从 18 世纪纺织机的革新、蒸汽机的发明和应用,延伸到 19 世纪电力时代的开始,技术与科学从分离走向了结合。这一时期在冶金业、采矿业、印刷业等行业出现了原始的工场和工场手工业。它们吸收劳动力,发展技术要素,提高生产效率,并且更大范围地推动各国之间的商业竞争。随着生产规模的扩大,它们需要更多能带来高效率的工具或机器的支撑。在劳动分工日渐成熟和工场手工业日益局限的矛盾下,工场手工业发展到了机器大工业的生产阶段。随着机器的种类越来越多,分工越来越细,人的技能成为附属,产品的技术水平、技术含量主要由机器的功能决定,而不是人的技能。机器使人与技术间的关系发生了根本性的变化,技术有了自己的实物形态和知识形态,并形成了自己的体系和发展逻辑。这一时期的关键词非效率、资本莫属,而能够带来这些的只有机器。因此,这一时期的技术设计客体主要表现形式就是能够产生经济效益的机器,以及服务生产的社会制度。可以说,这一时期的技术设计客体甚至占据了技术设计主体的位置。

最后,后工业时代的技术设计客体是功能化和人性化的自然技术、社会技术与思维技术。半个世纪以来,随着以电脑技术为核心的信息时代发展,人类社会经历了前所未有的重大变化。新技术革命使人类在这半个世纪中获得的知识和成就超过了人类社会形成以来的总和。20 世纪 70 年代以来,信息技术、新材料技术、新能源技术、激光技术、新制造技术、生物技术等高新技术崛起,尤其是计算机的广泛应用和普及为信息化创造了条件。这一时期的技术设计呈现一系列新的特点:科学与技术空前一体化,技术设计走向智能化和数字化,自然科学与人文社会科学走向统一。这一时期的经济效益越来越依赖知识创新而不再是有形的资源,从而形成了以知识产业为主导的经济形态——知识经济形态。它是以脑力劳动耗费为主的劳动,具有创新性、个体性和自由性的特征,以知识生产成果指导、武装物质生产。新技术革命开启了绿色技术范式时代,这一时期技术设计的客体主要围绕着服务绿色发展需求的自然技术、社会技术和思维技术展开,尤其思维技术在这一时代成为主要设计对象之一。

3.技术设计实践的依据

通过前文中对不同时期技术设计客体重点和基本理念的历史性论述,可以发现技术设计的实践本身是一个变化发展的过程。一般说来,技术设计要经过五个阶段:萌芽期、生长期、成熟期、饱和期和衰老期。随着技术设计与时代需求契合程度的变化,当一项技术设计逐渐成熟而接近生长极限时,就会进入衰老期,这时会出现更好的技术设计,旧的技术设计逐步被取代。具体而言,推动技术设计发生变化的依据主要是人的理性变化、社会需求的变化、社会综合因素互动以及科技发展的变化。

首先,技术设计发展变化的依据来自人的理性变化。人类是技术设计实践的主体,在不同时期的文化社会背景下,理性表现为不同的方向和内容。人类对技术的设计使技术产生价值与使用价值,通过技术在社会运行中协助使用者实现一定的目的。这些目的包括功能性目的、文化目的和社会目的,在具体的设计实践中,不同目的会同时存在,并对设计提出冲突性要求。从某种意义上说,技术设计可以看作是人类理智外化的逻辑推演过程,是主观见之于客观,人的本质力量不断对象化的过程。

其次,技术设计的发展依据和手段根植于社会需求的变化。恩格斯曾指出："社会一旦有技术上的需要,这种需要就会比十所大学更能把科学推向前进。"①技术设计的进步毫无疑问需要借助于社会的推动,即社会的需要。社会的多样化需求为技术设计的多样化提供动力和目标,并随社会需求的动态变化而变化。同时,在不断变化的过程中,发展变化中的技术、科学等条件作为新一轮的基础为技术设计提供新的依据和手段。

再次,技术设计的发展受到具体技术设计与社会政治、经济、文化、意识形态等因素的综合互动影响。技术与社会构成一个系统,技术设计与社会是互动的,社会影响技术设计,而技术设计又反作用于社会。舍普在《技术帝国》中写道"不要忘记技术也是社会的产物"②,技术设计是人类有目的的活动,而人类是存在于一定社会环境中的群体,必然受到政治、经济、文化、意识形态等因素的影响,这就决定了技术设计活动本身浸润着社会因素。

最后,技术设计的发展得益于科技发展的变化。从技术发展的历史进程看,在以手工艺为主的古代,技术设计以工匠的经验为基础;工业革命以后,随着科学知识向技术领域的渗透,技术设计的依据转向了科学知识,并且随着科学进一步发挥作用,经验的成分减少。技术创新与科学发展的速度呈现正相关关系,同时科学与技术的关系日益紧密,出现科学技术化与技术科学化的形态,不断更新的科学成果成为技术设计不断发展进步的重要依据和手段。

(三)技术设计的理论基础

技术是一种发明,同时也是一种设计。设计作为技术的主要构件贯穿技术演化的全过程,因此技术设计成为人们反思技术异化问题的

① 马克思、恩格斯:《马克思恩格斯选集(第四卷)》,中共中央马克思恩格斯列宁斯大林著作编译局,译,人民出版社 1995 年版,第 732 页。
② 舍普:《技术帝国》,刘莉,译,生活·读书·新知三联书店 1999 年版,第 14 页。

一个突出性责任因子。根据技术哲学家伊德的观点,西方技术哲学研究大致分为杜威学派、埃吕尔学派、马克思主义学派和海德格尔学派四个学派。这些学派分别从不同层次和方向对技术设计方法和理念的形成产生一定的影响,比如埃吕尔学派的技术社会理论范式对技术设计自主性的探索;马克思主义学派如芬伯格的技术批判理论对技术设计的全方位透视,伯格曼的"装置范式"从后现代视角对技术设计的建构性分析。在众多学派的不同理论中,对技术的自主性认知大抵分为技术自主论与技术社会建构论两种,两种理论对技术发生过程与运行效果等方面的认知,与技术设计的理念与参与方式的形成有着紧密联系。不同时代影响技术设计的理念与方法的因素众多,但是涉及对技术这一整体性概念进行设计参与的基础性影响便是对技术的发生、发展过程中是否有外力参与、把控的空间的认识。因此,本部分对技术自主论和技术社会建构论的分析,可以为分析技术设计提供理论基础。

1. 技术自主论

技术自主论的思想源头可以追溯到万物有灵论。根据万物有灵论,技术的发展之所以能够自主,是因为它有灵魂,有自由意志。技术自主论的一个主要思想来源就是马克思的技术异化思想。埃吕尔、温纳等哲学家是技术自主论的典型代表。马克思虽然不是完全的技术自主论者,但是却带给埃吕尔等技术自主论者一些启示。"马克思形成了第一个有条理的技术自主的理论","他关注并有力地总结了我们认为有问题的那些东西"。[1] 马克思的异化观点不完全等同于技术自主论,因为劳动的异化只是表达工人对劳动产品和过程没有掌控权和所有权,但是这些是受资产阶级控制的,没有形成完全的失控。法国哲学家埃吕尔开启了技术自主的思潮,成为技术自主论的典型代表。

---

① Winner L. Autonomous Technology[M]. Cambridge: MIT Press, 1977: 39.

埃吕尔于 20 世纪 50 年代率先出版了法文版本的著作《技术——世纪之赌》,并于 20 世纪 60 年代翻译并改名为英文版本的《技术设计》,十余年后出版著作《技术系统》,这一系列著作阐述了技术自主论的基本内容。除了埃吕尔,不管温纳承认与否,学术界还是习惯将其视为技术自主论的代表。相较于埃吕尔,温纳秉持的技术自主论思想比较温和,虽然承认技术发展有自己的逻辑和力量,但是在技术与社会关系的问题上并不同意社会完全决定于技术,只是强调:"我们叫作技术的东西也是建立世界的方式,许多日常生活中重要的技术装置和系统,包含着多种规范人类活动方式的可能性。社会有意识或者无意识地、蓄意或者非蓄意地因为那些技术而选择了一种结构,它们在很长一段时间内影响人们如何上班、通信、旅行、消费等。"①

综合国内外学者对技术自主论的观点,可以总结出技术三个层次的自主性。

首先,技术自主论的第一个层次是技术发展的内在逻辑和规则。这一层次的技术自主主要表现为技术系统的自增性、技术前进的自动性和技术发展的无目标性。其中技术系统的自增性是指技术通过内部的固有力量增长。在埃吕尔看来,技术发明乃是先前的技术要素的组合,它本质上是先前技术增长的内在逻辑的产物,人在技术发明的过程中只有很小的灵活性和首创精神。当所有的条件同时具备后,只要最低限度的人的干预就能产生重大的进步。技术前进的自动性是指技术通过自己的路线选择自身,独立于人的决定和外在力量而前进。这种自动性并不意味着没人选择,但是人并不是根据自己的个人偏好做出的选择,而是根据排他的技术理性做出的,是为先前的技术所引导,为技术理性所规定的。技术发展的无目标性是指技术并不是按照人们所追求的目标发展,而是根据业已存在的增长可能性发展。一般技术的目标设定并非根据人的需要或崇高的理想,而是首先考虑

---

① 吴国盛:《技术哲学经典读本》,上海交通大学出版社 2008 年版,第 191 页。

可实现性。技术生成过程的目标一般是技术人员设置的,并且依据先前获得的技术定向中可得到的手段做出。如果技术与人的目标不太相符,一般修改知识目标,而不是技术。

其次,技术自主论的第二个层次是社会的技术化。社会是技术系统的环境,技术的自主只有通过它与社会诸要素的关系才能表现出来。这一层次的技术自主意味着社会诸因素以及社会作为一个整体都不能决定、支配、控制技术。埃吕尔分别论证了科学、政治、经济、伦理道德等因素与技术的关系。比如,埃吕尔反驳将技术看作是科学的应用的观点,曾提出"技术对社会结构提出挑战""技术自动地促成社会做必要的调整",温纳用"技术命令"的概念同样表述了这种思想。

最后,技术自主论的第三个层次表现为人的技术化生存。埃吕尔曾明确地表示,技术相对于人是自主的。尽管人仍然能够判断、评价、选择、决定,但是所有这些判断、评价、选择、决定都被技术系统所限制。人能够选择,但总是在技术过程所建立的选项系统里选择;人能够指引,但总是根据技术给定去指引。在埃吕尔看来,要解决普遍性的技术问题,任何团体或个人都无能为力,除非所有的人采取同样的价值观念和行动。

综合而言,技术自主论认为,技术发展的动力来自内在的逻辑和力量,社会和人都已为技术所改变。此外,技术进入社会运行之前,人类无法事先预测技术社会运行之后的全部结果和影响。

2.技术社会建构论

在埃吕尔、温纳等人的推动下,技术自主论的思想在学术界产生了广泛的影响,但同时其过于绝对的观点也引起了很多争议与批判。因为无论是历史还是现代,很多具体的实例都可以证明,社会的制度、经济、文化等因素在技术的发生与发展过程中的选择和应用上都会起到重要的作用。

针对技术自主论的漏洞与缺陷,一些学者于 20 世纪 70 年代开始从社会之于技术的角度思考问题。随着 20 世纪 70 年代中期以建构主义为主要内容的科学知识社会学产生后,与技术自主论完全相对立的技术社会建构论迅速得到研究者的响应。比较典型的代表为深受科学知识社会学影响的平齐和比克两位技术社会学家,二者于 1982 年在欧洲科学技术研究协会的一次会议上提出,将科学知识社会学扩展到技术领域,标志着技术社会建构理论形成。1985 年,爱丁堡大学社会学系的麦肯齐和新南威尔士大学社会学系的瓦克曼合编并正式出版了以技术社会建构论为主要内容的论文集——《技术的社会塑形》;两年后,平奇、比克和休斯合编了另外一部论文集——《技术系统的社会建构》。此后,众多学者加入技术社会建构论的建设与讨论中,成果与贡献比较大的有美国的平齐、休斯,法国的拉图尔、卡隆、劳,英国的柯林斯、伍尔加、麦肯齐,荷兰的比克等。在大量的案例研究基础上,这些学者先后出版了近十本相关著作,推动技术社会建构论得到壮大和丰满。技术社会建构论的核心观点是技术的发生、发展、应用等全过程的走向都是由社会参与建构的结果,是社会各种因素协商的结果,不同的社会情景会有不同的技术发展路线。前期技术社会建构论的代表、社会学家莱顿曾指出:"现在需要把技术当作一种知识体或一个社会系统,从其内部来理解技术。"①学者约翰斯顿、多希等提倡,按照库恩的"范式"来描述技术发生、发展与应用的社会过程。

技术社会建构论与技术自主论的区别主要体现在研究思路、视角、方法等方面。技术社会建构论一直围绕着批判和修正技术自主论的漏洞与缺陷发展,主要集中于以下几个方面:首先,技术社会建构论认为技术自主论中所提出的"技术对于社会具有决定性作用"的论断太过于绝对和偏激。麦肯齐和瓦克曼在《技术的社会塑形》一书的前

---

① Elliott B. Technology and Social Process[M]. Edingburgh: Edingborgh University Press, 1988:242.

言中明确指出："技术对社会有直接影响的思想太过简单。"[①]他们认为，秉持技术自主论观点的学者将重点聚焦在技术对社会的影响，而忽略了技术生命周期的全过程中，技术是如何开始和出现的问题，而这一问题恰恰应该成为技术社会建构论研究的核心。技术社会建构论认为，社会因素在技术的发生阶段起着重要的作用，需要转变技术之于社会的思考逻辑，转向研究社会之于技术的视角。其次，技术自主论宣称的支持技术形成的内在动力与逻辑，是技术社会建构论批判的另一个关键，后者认为"技术进化并不是依赖于自身内部必要的技术或者科学逻辑，技术并不拥有某种固有的功能"[②]。技术的发展有赖于之前技术的基础，技术创新与技术基础之间必然存在一定的逻辑，技术社会建构论并不否认技术的发生与发展会在一定程度上展现一定的内在逻辑，但绝不承认这种内在动力与逻辑可以盖过社会对技术的选择作用。他们始终坚守的阵地是"技术及其形成与历史的、经济的、政治的、心理的以及社会的因素密切相关"[③]。从本书设计的角度来看，技术社会建构论相较于技术自主论更具有设计的意识。

三、技术范式的理论分析

根据前文分析，本书所言的技术是兼具自然属性和社会属性的，包括自然技术、社会技术和思维技术在内的广义技术。技术设计既"依赖功能与用途，包括范式引导，功能的解释"，又"依赖概念和工程的模式，它们来自不同的学术、职业和组织文化"。技术范式恰恰是包

---

① Mackenzie D, Wajcman J. The Social Shaping of Technology [M]. Stanford：Open University Press,1985：6.

② Mackenzie D, Wajcman J. The Social Shaping of Technology [M]. Stanford：Open University Press,1985：3.

③ Mackenzie D, Wajcman J. The Social Shaping of Technology [M]. Stanford：Open University Press,1985：5.

括了从器物层次、制度层次、行为层次到价值观层次的完整文化系统，能够为技术设计的探讨提供一个全面的研究范围。

（一）技术范式的理论基础

1.库恩的"范式"理论

学术界对于"范式"理论的演绎，始于库恩在《科学革命的结构》一书中提到的"科学范式"，这可以看作是技术范式的根本理论来源。库恩在《科学革命的结构》一书中指出，"我所谓的范式通常是指那些公认的科学成就，它们在一段时间里为科学共同体提供典型的问题和解答"，"'范式'是一个成熟的科学共同体在某段时间内所接纳的研究方法、问题领域和解题标准的源头活水"，"以共同范式为基础进行研究的人，都承诺以同样的规则和标准充实科学实践。取得了一个'范式'所容许的那类更深奥的研究，是任何一个科学领域在发展史中达到成熟的标志"。[①] 库恩的"范式"理论在一开始表示范例、模型等，到后来扩展到一系列重大的科学成就以及某一个科学工作团体所持有的科学信念和学科规定等。

库恩在书中对于"范式"表述得过于"含糊"，这也使范式具有"过分的可塑性"，"几乎可以满足任何人的任何需要"。[②] 英国剑桥语言研究室的马斯特曼女士在《范式的本质》一文中指出，"库恩在《科学革命的结构》中对于'范式'的使用至少有二十一种不同的意思"。马斯特曼女士将"范式"概括为三种不同的类型：形而上学的哲学范式或元范式，作为一种信念的存在；社会学的范式，作为一种具体学科成就或者科学习惯；人造范式，表现为一种依靠本身成功示范而存在的经验、工具或者方法，如教科书、经典著作等。无论"范式"的概念有几种，但是

---

① 库恩：《科学革命的结构》，金吾伦，胡新和，译，北京大学出版社 2004 年版，第 49 页。
② 库恩：《必要的张力——科学的传统和变革论文选》，范岱年，纪树立，等译，北京大学出版社 2003 年版，第 110 页。

整体展现出共同的特点：一是"范式"的本质是世界观和方法论；二是"范式"的基本属性是"不可通约性"；三是"范式"的实现方式是"科学革命"。

2. 多西的技术范式理论

1982 年，经济学家多西受到库恩的启发，将"范式"引入技术创新之中，并提出了技术范式的概念，用以解决经济生产方式的创新。这种技术范式是经济学意义上的概念，并非从技术角度对技术范式做出的形而上学解释。多西认为，技术的发展与科学发展相类似，都表现出一定的方向性，是累进与飞跃的共同过程。技术发展的连续性是由技术自身的发展惯性造成的，技术会沿着某一具体的技术轨迹发展；技术发展的革命性飞跃则是因为新的技术范式的出现。技术发展的连续与飞跃说明技术范式与科学范式的不可通约性不同，在某些特定的历史时期，技术除了具有自身发展的惯性，即技术范式之间的可通约，还会表现为一个全新技术范式出现所带来的革命性飞跃。因此，可以看出多西所谓的技术范式是一个来自科学技术发展本身，另外参与了经济因素、组织机构或者其他尚未预料到的因素的综合作用的结果，特别是对于技术发展带来的"技术轨迹"，应该代表了技术范式的更替方向。一种技术轨迹也就是由范式所确定的"常规"解题活动。他也从理论上说明了社会、经济和组织机构在技术范式的选择和稳定方面的作用，认为其中经济因素起选择标准作用和最后的市场"检验"作用。不过他强调指出，科学和技术的这种类比在某些方面还是印象主义的，不能不加限制地使用。

3. 伯格曼的"装置范式"

哲学意义上技术范式最直接的理论来源应该是伯格曼通过"装置范式"所做出的技术哲学表达。"装置范式"在伯格曼的技术哲学研究中具有基石般的地位。伯格曼在经验描述的基础上，将现代技术的本质定义为"装置范式"，包括"典型的人工物""装置"和"'装置'对传统形式实践的影响"三部分。从词源上讲,"装置范式"指的是"精巧的仪器、设备或机械的范式、模式"。该理论认为,在前技术时代,人们在生产生活过程中,与之产生联系的不是装置或机器,而是具体的事物。事物是无法与人类经历它的情境相分离的。今天人们在社会交往中所经历的是典型的技术,这些技术在"装置范式"中得到具体化,其中"装置"代表了现代技术的本质。从理论上分析,伯格曼的"装置范式"体现出现代人对于技术的实用性与工具性用途的看重。同时,"装置范式"还表现出现代技术对于人类和社会行为的决定性存在。可以看出,伯格曼的"装置范式"更多的是讨论技术与社会的关联,是从技术与社会、伦理等角度进行对现代技术的本质探寻。伯格曼认为,技术正在产生实质性影响,开始改变人类的生活方式、交往方式,并在社会上通过特定的规范表现出一种重要的文化力量。现代技术的文化特征使技术的"范式"具有时代特征与影响力。

(二)技术范式的主要内容

1.技术范式的内涵

作为美国科技史学家库恩在《科学革命的结构》一书中的核心概念,"范式"的应用其实已变得十分的广泛。在科学技术哲学的领域中,库恩为了解决由波普尔提出的关于科学知识的增长模式——证伪主义模式——的缺陷而进行了非理性主义倾向的科学知识增长解释,并提出了"范式"的概念。意想不到的是,许多领域都受到了"范式"概念的启发,以至许多学科都将"范式"概念应用到自己的领域之中。

对"范式"概念引入技术发展变革的尝试起源于"范式"在其他领域的广泛应用。匈牙利哲学家杜认为,通过开展关于技术范式的相关研究,可以深化大家对于技术范式在技术哲学领域的理解。[①] 康斯坦

---

① Laudan R. The Nature of Technological Knowledge: Are Models of Scientific Change Relevant? [M]. Dordrecht: Springer, 1984:25.

特在 1980 年关于技术史的一个案例研究中,将技术的变革过程简化成一个相对通用的技术变革模式。[①] 在该模式中,康斯坦特将技术的变革基于知识变化进行描述,因此技术变革被赋予了发展认识论观点。在康斯坦特看来,在一定情况下技术的变革就是技术的革命,"技术范式的定义可以是公认的一个技术操作模式……当技术范式被该技术领域的从业者所形成的共同体所接受与定义时,该技术范式就成了常规性的系统。技术范式就会跟科学范式一样,由实践、方法、程序操作、仪器、原理以及具有特殊感知的系列性的所共有的技术方法组成。技术范式就是一种认知性的东西"[②]。1982 年,作为技术创新经济学家的多西最终将技术范式这一概念引入技术创新模式的研究,多西将技术范式的概念定义为:"以自然科学为基本原理基础用来解决一定技术、经济问题的通用技术模式。"[③]此后,伊默尔、劳丹、拉普、舒尔曼、芒福德等很多学者都直接或者间接地讨论过技术范式的内涵。

综合国内外学者对技术范式的研究,本书认为的"技术范式"是技术在社会运行中形成的一种反映技术与外界关系的规范模式,反映人类设计与外界因素的关系。技术范式的内容不仅包括一种具体的技术实体,还包含由器物层次、制度层次、行为层次和价值观层次等构成的完整社会系统。具体而言,可以从三个方面呈现技术范式的内容和特性:首先,技术范式包含一个技术体系。技术发展至今,不再像是原初状态,仅仅停留在某一个单独的技艺或者人工物,而是具有一定的学科背景,建立在科学知识的支撑之上,并且各种不同的技术之间存在着直接或者间接的联系,是各种技术要素按照一定的知识背景建立起来的复杂结构。技术范式既包含"关键性技术要素"也就是技术体

---

① Constant E. The Origins of the Turbojet Revolution [M]. Baltimore: The Johns Hopkins University Press,1980:35.

② Constant E. A model for technological change applied to the turbojet revolution [J]. Technology and Culture,1973,14(4):554.

③ 多西等编:《技术进步与经济理论》,钟学义,沈利生,陈平,等译,经济科学出版社 1992 年版,第 276 页。

系的核心技术,也包含围绕着核心技术体系的协作性技术。其次,技术范式在整个技术创新的过程中具有一定的目的导向。技术样品往往是技术创新的初始阶段对技术范式的体现,同样也是某一技术范式的初级表征,是一个新的技术理念的整体展现,它预示着整个过程中具体技术的相互配合方式,以及各技术要素在整个技术体系中所担当的角色。最后,技术范式是一个技术汇聚物。在整个创新的过程中,技术范式担任的角色像是一个巨大的磁场或者是聚焦器,它能够把完成一整套技术创新过程所需要的技术元素都吸附到自己的磁场中,带有一定的主动性和强制性。这一磁场在吸附技术元素的过程中会按照自身的特定功能的体现,对技术元素进行有效的匹配,并将它安置在限定的位置上。

2. 技术共同体

"共同体"一词最先见于德国社会学家滕尼斯在 1877 年出版的《共同体与社会》一书中。博兰尼在演讲中将"科学共同体"一词视为一个制度框架,用来组织、规范、指引从事科学活动的科学家,使其具有大体相一致的价值标准、科学方法。与此类似,"技术共同体"也就正式被提及作为一个具有共同信念、价值和规范的从事技术相关研究与应用的群体和组织,具有社会学"共同体"的本义。对于技术范式的讨论不仅要着眼于对技术本身的发展规律,还要着眼于对技术范式的运用主体的考察。毕竟技术活动是需要以技术人员的社会活动来体现的。马克思也提到,技术"揭示出人对自然的能动关系,人的生活的直接生产过程,以及人的社会生活条件和由此产生的精神观念的直接生产过程"①,即从广义角度去理解技术范式还应该包含作为技术范式主体的技术共同体的部分。

技术活动与技术人员活动是分不开的,技术共同体是推进技术范

---

① 马克思,恩格斯:《马克思恩格斯全集(第二十三卷)》,中共中央马克思恩格斯列宁斯大林著作编译局,译,人民出版社 1972 年版,第 410 页。

式形成并维护技术范式发展与稳定的重要力量，是贯穿技术范式技术群体和社会运行全过程的重要推动者和实践者。根据科学共同体的定义，类型上要满足尽可能地丰富和多样，在技术发生、发展、应用、解构等全过程涉及的主体都属于共同体的成员，比如工程师、企业、政府、公众等。除具体的技术主体外，存在于他们之间的理念、工作方法等也是技术共同体中的重要内容。比如，涵盖技术工作者、生产者以及不同的生产线之间相互匹配、相互联系的方式，新加入技术体系的工作人员对待技术的新操作方式、工作的态度等。技术共同体是技术范式在研究人员这一主体中的表现内容等，这些属于技术共同体中的"软件"也是关键，当一项技术被某一组研究群体创新时，由于技术人员具有的社会属性，成员在彼此进行交流的时候，创新的个人或群体的思想必然会影响那些还没有接受创新的个人或群体，通过这种"软件传染"作用，接受同样思维的群体就被纳入新的技术范式的技术共同体。

（三）技术范式的"二层结构"

因为技术本身所具有的自然属性与社会属性，双重属性的存在使技术范式也同样具有这两个方面的属性，而且在技术范式的发展转化过程中，实现技术范式的转化需要这两个方面属性的同时作用。因此，在分析技术范式的结构形态时就有必要引入一个科学哲学的理论，那就是拉卡托斯的科学纲领方法论。

拉卡托斯提出科学纲领方法论在一定意义上与多西提出技术范式理论的目的相类似，其意在解释科学理论的进化。这个方法论的实质性内容就是一个建立在二层结构上的科学理论建构。[①] 这个二层结构指的分别是可以发展科学理论的两个有机要素：第一层就是科学理

---

① 拉卡托斯：《批判与知识的增长》，周寄中，译，华夏出版社 1987 年版，第 73—84 页。

论的理论"硬核",其形成的是科学理论的核心体系。理论"硬核"的存在标志着该理论的不容反驳性,是该科学领域对该理论研究的主体性内容,也是该理论不同于其他理论的标志性属性。第二层就是包围在理论"硬核"周围的"保护带",其由保护理论"硬核"科学性的辅助假设、实验实践、操作方式、应用说明与建设等内容构成,其目的就是要确立理论"硬核"的合理性与科学性。理论"硬核"具有不同于其他理论的独特性,但"保护带"不具有其理论的独特性,因此"保护带"不具有理论的标志性作用,但是理论"硬核"与"保护带"之间的不同组合可以构成不同的科学理论,而每一种组合的实际意义仅取决于理论"硬核"的内容。

基于技术范式与科学范式的延续关系,再加上技术范式本身所具有的二元双重属性,技术范式在解释技术进步的进程中也存在类似拉卡托斯式的二层结构,即存在技术范式的技术"硬核"与技术"保护带"结构。国内学者郑雨曾借鉴了哲学家拉卡托斯提出的"科学范式"二层结构,以技术硬核和技术保护带定义了技术范式的结构[①];王京安、刘丹、申赟论述了技术范式的核心层是技术范式结构的"心脏","技术硬核"包括技术范式的核心技术及该技术所限定的与其他因素耦合的方式,它往往是一个技术范式所特有的[②]。技术范式是由技术群体与社会环境因素紧密互动的开放系统。本书借鉴之前学者研究的部分观点,并结合前文对技术本质认识、技术价值观等问题的观点,从结构视角构建分析技术范式的内在层次,将技术(自然技术、社会技术、思维技术)、人、自然与社会整合在技术范式的结构中,以生动、全面展现技术发展的过程。

拉卡托斯所说的科学研究纲领由"硬核"(hard core)、"保护带"(protective belt)、"反面启示法"(negative heuristics)和"正面启示法"

---

① 郑雨:《技术创新研究的哲学视角》,《科学学研究》,2005年第12期。

② 王京安,刘丹,申赟:《技术生态视角下的技术范式转换预见探讨》,《科技管理研究》,2015年第20期。

(positive heuristics)四个相互联系的部分构成。① 借助拉卡托斯的结构性思想,本书尝试将技术范式分为"硬核"与"保护带"结构。技术范式结构中的"硬核"是指技术范式组成要素当中的"技术本身",它的形成是以"科学发展"为前提和基础的,以技术群的壮大发展为表现形式。技术范式"硬核"的形成不仅是以某一个技术或技术群为标准,而是形成一套从根本上决定技术创新与转移过程特征属性的内容。技术范式的"硬核"具有内置性、抗变性和高度的稳定性。如果这个"硬核"中的技术群是抛弃原有技术发展"轨迹"而形成,将新的技术范式所应有的技术特征、认知等因素一同容纳在内,那么也就是完成了新的技术范式"硬核"的实现。技术范式中"硬核"部分的形成主要体现技术的自然属性,在一定程度上靠技术的内在逻辑力量驱动形成,呈现一定的技术自主性。技术范式的"保护带"对于技术的发展以及范式的形成,在一定程度上具有"社会建构"的色彩,其形成阶段主要为技术嵌入社会的过程阶段,不仅能够保护适应社会因素的技术群不断壮大,还能将不适应社会发展的技术群挡在技术范式"硬核"与社会之间。技术范式结构中的"保护带"应该是具有政治、经济、文化、宗教等诸多社会意识因素的综合。这些社会意识在技术范式"硬核"发展的不同阶段与之相互作用、相互影响,形成技术在社会运行中的一个大环境。这个环境或者对技术范式"硬核"的发展起到缓冲阻滞作用,或对其产生促进、加强、引导规范的作用。无论是技术范式中"硬核"创新资源的获取与社会动力的提供,还是其社会运行的展开和社会功能的呈现,都是"保护带"发生作用的体现。在技术范式的"保护带"部分,主要包含的是社会技术,社会综合性是"保护带"的本质属性。社会技术形成了一个具有不同层次和不同分支的体系。社会技术主要由器物层面、制度层面和观念层面的技术组成。社会技术的器物层面用于协调和组织社会个体利益的平衡,它是社会技术的表层,是外在

---

① 拉卡托斯:《科学研究纲领方法论》,兰征,译,上海译文出版社 2005 年版,第 41 页。

的人与人社会的经济关系,通常是通过监狱、法庭、群众社团、协会联盟等工具、手段来解决相应的问题。制度层面是确立社会个体之间正常交往的途径和手段,是社会技术的中间层面,通过法则、条文、法律等来约束和规范人的行为。观念层面则是指社会技术哲学层面,也是社会技术的理论基础,包含伦理道德、风俗习惯、人情技术和行为方式等,这些观念通过慢慢渗透到人的交往和行动之中,起潜移默化的作用。也有学者认为,可以将其视为"软社会技术",而其在具体部门的应用则被视为"硬社会技术"。社会技术外显为制度、法律、政策、习惯、规则等形态。技术范式是在"硬核"与"保护带"的互动过程中不断形成、演变的。

第二章　技术设计与技术范式互动的应然关系

根据前文论述可知,技术设计的本质是人类对广义技术的设计,是影响技术生成的关键实践过程。技术范式是由技术"硬核"与"保护带"二层结构组成的,其内容具体可以分解为自然技术、社会技术和思维技术。可见,技术设计与技术范式之间存在着紧密联系,进一步分析技术设计与技术范式的内在互动关系有助于基于技术设计的视角,更微观、更具体地审视和理解技术实践,思考和追问技术发展与技术范式演变过程中出现的技术异化问题。

一、技术设计与技术范式的分析框架

技术设计和技术范式与社会运行中的技术关系紧密,我们研究技术的相关问题离不开对技术设计和技术范式的相关探讨。第一,对技术范式更替演变的把握需要弄清楚三个方面:一是在旧的技术范式的系统内,具有新的技术范式特点的技术如何获得生存空间;二是与新的技术群体相匹配的社会情景因素是如何转变的;三是如何评判新技术具有另外一种范式属性。对于这方面的研究,现有典型的分析框架有"纳尔逊—温特模型"、技术生态位的分析框架、社会网络视角的分析框架等,然而这些分析框架在不同程度上都存在一定的局限。第二,技术设计主要集中于人类对技术客体的设计参与研究。目前对技术生成方面的探讨主要形成技术自主论与技术社会建构论两种对立观点。这对人类参与技术的设计理念、过程、方法等方面均起到了基础性的影响。而来自两种理论自身的片面性也造成了技术设计带有一定片面性的特征。将技术设计与技术范式相结合,形成相互分析的框架,对技术设计的完善与预测、调整技术范式的形成与演化以及调整技术的生成与发展都有帮助。

(一)技术范式发展与演变的分析框架

1."纳尔逊—温特模型"

纳尔逊和温特于1982年在《技术变迁的演化理论》中提出一个基础性的技术演化模型,即"纳尔逊—温特模型"。模型中最核心的观点是事物通过被多次选择形成的组织"惯性"而生存下来,以成熟的程序和规则形式被保留和延续。企业内部任何创新都可以通过企业对新技术"惯例"的搜索,将搜索的结果放置到市场、行业环境、技术领域等环境中去验证,通过共同检验结果来决定已完成的技术的应用走向,得到承认和接受的新技术将会被进一步地模仿和扩散,完成技术的社会运行。在"纳尔逊—温特模型"出现并得到一定完善之后,技术经济学家普遍认同技术的发展、技术范式的变迁都可以用这一模型进行解释,认为技术范式由众多经过验证并得到认可与产业化推广的技术组成。

然而"纳尔逊—温特模型"在解释技术范式本身的变迁时表现出严重的缺陷:首先,当技术范式同时作为选择标准和选择对象时,验证环境和标准就会出现该模型中没有讨论到的矛盾问题。按照多西的概括,技术范式以两种方式作用于技术选择:影响"变异的方向"(技术范式的事先选择)和"对变异的选择"(在熊彼特式试错中的事后选择)。能够体现技术范式完成更替演化的关键是新旧技术模式之间实现完全替换,但是如果已有的、成熟的技术范式对技术选择一直有绝对强势的限制与规定,那么贡献于新的技术范式形成的技术创新根本无法在环境验证中得到肯定和扩展。其次,对技术是如何形成阶段的研究缺失。"纳尔逊—温特模型"强调的重点是对某种新技术的检验,这就似乎默认了技术从一开始就是一个既成的事物,对于技术在何种动力推动下以及如何出现的部分没有动态的分析过程。最后,忽略了技术范式的系统性。技术范式是包含技术器物层面、制度层面和价值层面多种因素的复杂系统。而在"纳尔逊—温特模型"中,技术范式似乎仅仅被看成是由多种单项的技术个体组成的机械的整体,这不仅有悖技术范式的丰富内涵,而且在今天创新网络化和技术复杂化的时代就显得更加不合理了。

2. 技术生态位的分析框架

生态位是在 20 世纪初期,通过人们对生物、生态环境进行经验性描述、总结规律而形成的生态学领域的基本概念。生态位的完整概念是由美国生物学家格林内尔提出的,主要针对生物领域的研究,最初意指生物种群在生态系统中所占据的位置、空间和发挥的功能。近百年的研究拓宽了生态位研究和运用的视野,从自然对象的研究领域扩展到了社会对象的研究领域,其中经济学领域中问题分析借鉴和使用的最多。将生物领域的生态位概念跨学科运用到技术创新的分析领域,是瑞普和肖特两位荷兰学者于 20 世纪末完成的,他们还提出了技术生态位的概念,即针对保护技术创新和新生技术的生存与发展,建立一个对新生技术起到保护作用的空间,包括针对具体技术的财力、政策、人力等方面的支持。在这个空间内,每个新生的技术都有自己的生态位,可以减少或避免来自主流技术的竞争与排挤。随着生态位理论在技术研究领域中的逐渐成熟,其分析也得到进一步细化,比如出现的"利基技术"概念,是指前文所说的受空间保护的新生技术。由于自身还处于不稳定阶段,同时还没有得到广泛的市场验证,并且没有形成成熟的社会环境,新生技术在整个技术系统中处于非主流地位。随着社会需求的变化和"利基技术"自身的不断成熟,技术系统中的技术结构将必然发生变化,一些非主流的技术很可能会取代主流技术,晋升为技术系统中新的主流技术。20世纪末,韦伯等多位荷兰学者根据技术生态位的概念提出了用以分析技术范式变迁的框架——战略生态位管理。其主张从技术生态位出发,提出可供选择的技术生态位并通过市场利基的渗透,逐渐在新的技术系统中占据优势与主流位置。技术生态位、"利基技术"以及战略生态位管理的概念与方法,其核心都是强调对新生技术进行有意识、有目的地关注、培育与保护。这一理念有效弥补了"纳尔逊—温特模型"对技术进行静态认识的缺陷,强调技术范式的更替演化是需要从单项技术新生阶段就开始进行扶持与保护的。这些"潜力股"技术绝非可以忽视的边缘组成,反而可能因为其强大的生长力而成为影响技术范式变迁的核心力量。从这一角度来看,技术生态位的分析框架是有一定的科学性的。

3.社会网络视角的分析框架

在整个技术研究领域,自20世纪40年代就开始了对技术发展方向的预测研究。对新的技术以及技术范式的预见,能够抢抓其带来的新的市场机会,对与技术相关的个人、企业乃至国家来说,都具有十分重要的意义。然而技术的创新是发生于现实世界之中的,会受到多种因素的影响,所以偏理论的研究方法对具体的预见操作性指导比较弱。此外,技术范式的更替演变没有清晰且具体的界限,在这个过程中,尤其是越接近旧的技术范式被新的技术范式取代的阶段,越是充满模糊性和不确定性。基于线性思维的方法难以得出高准确度的结果,因此,针对技术范式这个综合性、复杂性的分析对象,基于社会网络视角对技术范式更替的预测分析方法受到广泛欢迎。

具体来说,"社会网络"是来源于社会学的词汇,最早由英国人类学家布朗提出,随后巴恩斯、米切尔等学者对"社会网络"概念进行了界定,即行动者的集合以及他们之间的联系。随着社会主体的日益丰富化、复杂化,社会网络所分析的关系突破了人与人之间的关系,而将更大范围的企业组织、国家纳入分析框架,形成更加宏观的网络视角。从社会网络的定义来看,其重点定位于网络中的"关系",这是一种复杂的、多层次的社会现象。网络既是这一分析框架中的分析工具,又是作为分析对象存在的。人在社会网络的分析框架中同样既是分析对象,又是分析工具操作的主体。也正是由于人的存在,才使社会网络这一分析框架具有明显的能动性。社会网络的结构类似于人脑的结构,在复杂的网络系统中存在很多的类似神经元的小节点、神经中枢般的技术种群、轴突般的网络连线将各节点相互连接,依靠制度机制、市场机制、人类等各种相关群体的耦合力量维持平衡稳定的状态。但是当内部神经元和外部的制度、市场、人等各种因素发生某种变化时,之前的平衡就会被打破,接着进入形成下一个平衡的阶段。从一个平衡状态向另一个平衡状态的转化,就是新旧技术范式的更替逻辑。一个平衡状态中的任何一个因子的异常或者变化都可能引起技术范式的变化,而对平衡状态中无数个影响因子的动态捕捉,单靠线性的、机械的工具或形而上的理论分析是无法完成的。社会网络分析方法从一个系统网络的规模、密度、资源等角度切入,融入定量的分析方法,借助于数据挖掘等工具和实证研究,提高了对技术范式更替预测的科学性。

(二)技术自主论与技术社会建构论下的技术设计观点

对技术发生与发展的认知,大体可以分为技术自主论、技术社会建构论两种典型的观点,这两种观点分别从不同角度影响了技术设计的理念。

1.技术自主论的技术设计观点

技术自主论认为,技术是依靠内在逻辑和力量进步的,在技术与需要的关系中是技术决定需要,技术对社会具有绝对性的影响。技术自主论阵营以海德格尔、埃吕尔、温纳等学者为典型代表,通过他们对技术发生、发展过程中,技术与人、社会等因素的关系认知,对技术设计的具体理念和方法也会形成相应的影响。

首先,海德格尔研究中体现的技术自主性思想,对人作为技术设计主体的角色进行了否定。海德格尔是一位存在主义哲学家,同时也是一位本体论技术哲学家。在他眼中,技术不只是人达到目的的工具和手段,其本质上也体现了一种强大意志。他从先验论角度探究现代技术的本质,技术在他的理论认知中是形而上学的完成形态。在对技术本质问题的追问中,海德格尔预设了一个先验的实体——座架,然后从座架出发探寻现代技术的本质。座架这一先于人行动的展现向人发出"挑衅逼迫"性的要求,迫使人把现实预置为持存物,从而使现代技术成为可能,构成现代技术的本质。在技术是否具有工具性的问题上,海德格尔认为工具性只是技术的一种外在现象,技术的本质在于支配和揭示真理显现的方式,他认为技术的本质是"座架",既包含人对自然的胁迫,又包括人类之间的相互支配与强制。在技术的座架的命定中,海德格尔强调说,"技术在本质上是人靠自身力量所控制不了的东西"[①],人在技术的座架中丧失能动性和主体性,放弃人类应有的其他行为与思维逻辑,人在技术的形成与应用过程中只是执行者和活动者的角色,技术依靠人而不受控于人,人自身也成了一种"对象物"。在海德格尔物的"天、地、神、人"四重整体中还是有人的位置的。这就好比海德格尔在对酒壶的四重整体描述中留有人的位置,人在其中只是一个手持酒壶的执行者,没有显示人的意志以及人所处的社会情境。

其次,埃吕尔的技术自主论将人排除在技术设计的动力系统之外。埃吕尔是技术自主论的典型代表,其技术自主性思想前后经历了30余年的发展。埃吕尔认为,技术的自主主要体现在技术系统的自

---

① 海德格尔:《海德格尔选集》,孙周兴编选,上海三联书店1996年版,第945页。

增性,技术目标、发明与应用的自主性,其关键核心在于摆脱社会的干预、控制,只要条件充足,技术可以产生在任何地方并且不附属于任何发明者或者利益集团。所有的事物都靠技术组织起来。生活在技术社会和技术系统里的人,不仅对技术的自主力量没有任何干预力量,还要反过来克制自己,适应技术的硬性规定,根据技术环境调整自己的需求和欲望。应该看到,从人类自以为对技术有着全部的把控能力,到认识技术自主性的力量是一种进步,但是埃吕尔的技术自主又陷入了另一个极端。他过分地夸大了技术系统的自主性,并将这一结论外推到社会情境中,偏激地强调技术对社会的决定作用。虽然埃吕尔同时也说:"它不是形而上学和绝对意义上的自主性……在服从外部权力所提供的条件之前,技术根据它自己的内部规则发展。外部影响作为一种阻碍或一种指示或一种背离或一种吸收与适应而出现,但它总是次要的,它在内部过程显露后出现。"①按照埃吕尔的观点,人类甚至应该放弃对技术的设计活动,只能做一个被动的接受者。除此之外,埃吕尔对于技术的广义定义还是有一定的合理性的,他认为,在我们这个技术的社会中,技术乃是所有人类活动领域中,理性地获得并且(在一定发展阶段)具有绝对有效性的方法的总和。埃吕尔承认技术是一种广义的技术,这对于健全对设计对象——技术客体——的认识是有益的。

最后,与埃吕尔相比,温纳的技术自主观点比较温和,即承认技术存在一定的自主性,不像埃吕尔那样,认为社会的一切都由技术所控制。温纳认为,人们对于技术的了解、评价以及掌控的实力正在不知不觉中下降,现代技术已经不再像传统观念里所认为的牢牢受控于人类。温纳的技术漂移、技术律令和逆向适应三个概念是其技术自主思想的典型代表。其中,技术漂移是指技术往往会脱离我们当初为它设计的目标而产生我们并没有预期的其他作用或影响。技术律令是说

---

① Ellul J. The Technological System[M]. New York: Continuum,1980:153.

一项技术的诞生与实施不是孤立的现象,而是一项牵扯到与该技术相关的人、财、物,并产生一系列连锁反应、带来一系列结果的现象,技术跟自然、社会紧密相连。逆向适应用来解释现代技术对人类生活的异化现象,也就是原本手段服务目的的关系。随着技术的发展,技术这一被人类看作是手段的东西越来越被异化为目的,具体来说,随着技术手段的一系列变革,人类不断调整目的,使其更好地服务手段。应该说,温纳的技术自主论主要是希望通过对技术自主力量的揭示,提醒人们关注技术异化、失控的问题,但同时又没有悲观到认为人类找不到途径来抑制技术的自主力量而放弃对技术的设计。温纳对技术控制的态度经历了从悲观到乐观的转变,虽然对人类有意解决技术失控的问题收效甚微,但是仍然对技术的社会控制保持乐观的态度和期许,并积极投身相关实践。这强调了在对技术的设计过程中,人类自身的完善与自我设计的重要性。

2.技术社会建构论的设计理念

以杜威、芬伯格等为代表的一些学者开展了一场以建构描述性、强调技术的社会建构和关注技术的价值性为旨趣的技术哲学经验转向运动。与之相应,也产生了一系列强调社会要素对于技术形成重要作用的设计理念。

首先,杜威的实用主义技术哲学引发了反对本质主义的,以人类本身作为技术设计动力的理念。杜威在分析技术时引入了自然经验,认为技术的形成是人类经验参与下的一个形成与制造过程,物质的与非物质的技术人工物都属于工具,只有在被人类使用与完成社会运行后才能显示其意义。在杜威的思想中,技术也是一种达到目的的手段,只有借用这种手段,超越存在论层次上的对象的目的才能得以实现。[①] 因此,杜威反对技术本质主义,要求在技术与人类需求的联系中

---

① Dewey J. Art as Experience[M]. New York:Perigree Press,1934:273.

了解技术的功能。杜威是一个比较典型的技术社会建构论支持者,认为技术的异化以及所产生的负面社会影响不是技术应用效果的主流,而人类的勇气与能力不足要对这一问题负主要责任。杜威认为,人类应对生活中的危险,可以从两个方面寻找解决办法:一是与身边造成危险的主流力量进行和解;二是求助技术的不断进步,提高利用自然的能力。当然,技术的异化问题得到了杜威的关注。他认为,人类还没能彻底地控制自己所掌握的自然界力量、科学资源与技术资源,反而时时受控于它们。人们在创造、组织资源与力量形成的阶段充分显示了人类的理性,但是在控制其社会运行的作用和后果的阶段却力不从心。① 技术的异化固然有技术内在局限性的原因,但是造成这种异化最根本的原因应该归为人类的理性局限,应该从人类的改造入手,而不是一味地咒骂被使用的东西——技术本身。杜威的思想将问题的产生与突破口都聚焦到了人类本身,这是相较于技术自主论观点的一个进步。

其次,芬伯格的技术哲学反映了技术在生成与应用的全过程的社会属性,将技术设计的参与拓展至整个技术生命周期。技术不是自然形成的,而是经过多种因素冲突、协商、博弈等一系列过程确定下来的。在芬伯格看来,为了解决认知技术本质片面性的障碍,需要对技术进行必要的历史性分析,将技术放置于社会情境中进行解构,将形而上的哲学维度与形而下的社会学维度结合起来。沿着这个思路,应建构一个系统化的技术本质概念,使其包含社会情境中的制度、文化、伦理、经济等复杂因素,这些因素在不同的文明阶段有不同的表现、提出不同的需求、发挥不同的建构作用。芬伯格结合法兰克福学派的社会批判理论与社会建构论,强调从文化、社会、伦理等多个维度对技术进行批判。他把实体主义者和建构主义者对技术本质问题的解答放

---

① 杜威:《新旧个人主义》,孙有中,蓝克林,裴雯,译,上海社会科学院出版社1997年版,第170页。

在具有两个层次的统一的框架之中。其中第一个层次或多或少相当于技术本质的哲学定义,是解释技术客体和技术主体的构成,即基本的工具化;第二个层次相当于社会科学对技术本质的思考,强调技术的主客体在具体技术框架中的实现。在芬伯格建构的框架之内,技术的结构是由部分构成的系统,这些部分使技术执行它们的功能。可以说,社会建构论催生了芬伯格的技术批判思想,特别是作为其中表现技术批判理论方法论的技术设计思想。社会建构论的性质、发展轨迹、内在精神及其社会影响为芬伯格的技术设计思想提供了一个问题意识和问题架构。芬伯格的技术设计思想是融汇了多个学科、多个思想潮流的结果,更多考虑的是技术理性发展的可能性和可选择性。技术设计内含社会文化和民主控制的特性是芬伯格技术设计思想的突出特点。

(三)建立技术设计与技术范式的分析框架

根据前文论述可以发现,关于技术范式的分析框架,以及技术设计的理论支撑均存在一定的局限与缺陷。

首先,就技术范式的分析框架而言,现有比较典型的关于技术和技术范式变迁的分析框架,对于从不同视角了解技术和技术范式变迁的逻辑有一定的意义,但是无法准确预测和把握变迁过程和趋势,都或多或少地存在一些不足之处。比如,"纳尔逊—温特模型"以普遍达尔文主义的一般选择理论框架来解释技术的创新行为,以新范式中技术被选择的次数和惯性来确定技术的"存活率"和技术范式变迁的走向,而事实上,技术是一个动态的、系统的对象,这一模型强调新技术的"发现"和"启用",似乎承认了只要被应用的技术就是既成的成熟物。除此之外,技术范式既是影响选择新技术的标准,又是研究迁移的对象,那么在既有范式的标准影响下,被选择的新技术永远在已有范式标准内,而新的范式将无从出现。诸如此类的不足,导致用"纳尔逊—温特模型"分析技术和技术范式这样一个复杂系统的变迁显得力不从心。技术生态位的分析框架强调对非主流技术的预测、观察和保护。这一分析框架认为,如不在技术形成之初就有意识地对"利基技术"进行关注与培育,做好技术生态位的布局,新的技术范式形成和变迁将难以成功。这种意识是合理的,对新技术的出现有了一个动态的判断,为新技术建立了一个保护空间,这就为新技术范式出现提供了可能。然而这一分析框架在具体的实施策略方面没有给出系统的、具体的内容。社会网络视角的分析框架对新技术的研究重点又进一步前移,重点分析社会网络中的复杂性因素在新技术产生过程中是如何发挥作用的,同时重点强调社会网络是一个由人参与的关系系统,除了重视人在技术发生过程中的作用,还主张多层次、多视角、多维度、定性与定量分析相结合地研究各复杂因子对形成新的技术和技术范式发挥的作用。这一分析框架的核心诉求是得到无限贴近事实的预测,而这一判断的标准仅仅来源于数据结果。将预测结果的合理性判定追问到数据分析阶段就停止,对人性价值的嵌入以及无法量化因素的忽视则不再追究。对社会网络分析方法的完善需要强调社会网络的权变、动态思想,重视在个体主义和结构主义的研究范式之间建立连接。

其次,技术哲学领域对技术本质的研究始终无法形成统一认知,这也导致对技术的形成与发展动力、主体等内容的认知,以及是否中立或是承载一定价值、承载何种价值等问题认识不一,主要表现为技术自主论与技术社会建构论的对立,关于技术是否承载价值方面主要体现为技术工具论与技术价值论。秉持技术工具论的学者认为,技术在形成之前是客观、中立的,拒绝接受优劣、善恶的评判,在后期被不同主体应用于不同环境、服务不同目的时才会展现出不同效果,但是这无关技术本身。这种理论的主要局限性体现在将技术的产生过程与人的价值观、目的、社会需求割裂开,认为在技术进入应用阶段之前,没有任何人类意识的参与。技术价值论主要表现为技术自主论和技术社会建构论两种观点。以埃吕尔为代表的技术自主论者把技术看作一股独立于社会和人的自我发展的力量。技术的发展和进步不依赖人的力量和其他的社会因素,技术有着自身的独立的意志与目的。技术进入社会运行之后的后果同样是人类无法预知和控制的。技术社会建构论者认为,技术的形成是社会因素的参与和需求推动的,然而不同社会背景下,社会的各种因素对技术的推动作用力是不同的,同时这些因素与技术的界限并不清晰,已有的技术可能成为社会因素中作用力最大的因素,正如邢怀滨先生在其博士论文中认为,"技术是一种社会文化实践和社会过程。这一实践与过程中包含人类的行动,同时社会因素全面渗入技术,从而打破了技术与社会的边界,形成了技术与社会的'无缝之网'"[①]。

　　以上理论观点对人类参与技术设计而形成的理念和具体方法都带来了片面性的影响。比如,技术工具论的思想过于绝对地强调技术在形成过程中所遵循的客观因果性,将技术的发生与技术的应用阶段机械地割裂,认为技术不应对其应用产生的任何影响负责,这完全割裂了技术的自然属性与社会属性,进而导致技术设计的依据容易陷入效率、经济等单一的评价指标中。此外,技术价值论在更广泛的意义上对技术的本质进行了认知,看到了技术的自然属性与社会属性的统一性,对于反思技术具有一定的积极意义。但是技术自主论和技术社会建构论集中于探讨技术生成阶段的主导动力方面,将技术设计的应用也局限在技术生成阶段的参与上,对技术进入社会运行之后而引起的一系列结果不再强调设计的重要性,忽视了人在技术发生、发展、应用等全过程中作为主体的设计参与。由此可见,技术工具论、技术自主论和技术社会建构论都存在一定的缺陷,无法支撑完善技术发展的任务。

　　鉴于此,本书提出建立技术设计与技术范式相结合的分析框架。

---

① 邢怀滨:《社会建构论的技术观》,2002 年东北大学博士学位论文。

主要为了突出以下效果:其一,技术范式"硬核"与"保护带"包含了技术设计客体的全部内容。技术范式是在"硬核"与"保护带"的双向互动与选择过程中形成、演变的,弥补了技术自主与技术社会建构中"技术—社会"单向关系认知的缺陷。其二,将对技术范式的分析放入更加微观的动态分析视角当中。如前文所分析,设计是贯穿技术发生、发展、应用等全部环节的建构。人作为技术设计的主体,受科学、伦理、政策、价值等多种因素影响的理性成为设计选择与创造的依据。人类通过设计参与为技术范式输入技术群体,同时技术范式以特定规范性对人类的设计形成了一种特殊的权威作用。因此,要在人、技术设计、技术范式的循环互动中调控技术的生成,并解决技术的异化问题。

二、技术设计与技术范式的历史演变

芒福德在《技术与文明》中把人类数千年的技术文明划分为三个连续又相互重叠渗透的阶段:始生代技术时期、古生代技术时期和新生代技术时期。美国未来学家贝尔同样以技术范式更替为中轴,将人类文明演进划分为前工业社会、工业社会和后工业社会三个阶段。事实上,无论是把人类文明演进划分为石器、青铜器、铁器与钢铁时代,或是原始、农业、工业与后工业文明,还是传统、现代与后现代社会,技术设计与技术范式的历史性更替都使人类文明呈现出一条非常明晰的演进脉络。

(一)技术设计的价值取向与方法演变

自然与社会是容纳人类实践的环境,自然与社会的历史性使人的实践活动也展现历史性特性。技术作为人类重要的实践工具与对象,也需被放在历史和社会之中分析。与技术相关的人类主体、自然和社会环境既体现出一段时间内质的稳定性,又在不断地发生量变。鉴于此,对于技术设计的问题,既要看到技术设计的生成性,以此把握和理解技术的创新性,又要看到技术设计的稳定性,以此把握技术的继承性。

1. 价值取向的变化

首先,经济价值在技术设计考量要素中的地位变化。前工业时代,技术设计主要追求的目标是满足设计主体的物质需求,人们依靠技术维持生存,而不是用于制造剩余价值。因此,技术的"使用价值"成为最核心的价值取向,经济价值在这个阶段不在技术设计的价值体系中。工业时代,技术设计的价值取向超越了基本的生存需求,经济价值是技术创新最主要甚至是唯一的价值选项,在技术的设计方案选择与构想过程中,经济最优成为关键的衡量指标。后工业时代,随着社会情境、自然环境以及人类需求的变化,技术设计的价值体系逐渐改变了过去文明时代单一的价值过程,经济价值、使用价值都成为新价值系统中的"普通一员",技术设计不再受资本的掌控,而是在生态价值与人文价值的规约中自我完善。当然,后工业时代技术设计的价值取向处于正在形成的过程中,在目前工业时代向后工业时代过渡的阶段,技术设计新的价值体系还没有完全取代经济价值的单一指标作用。

其次,生态价值在技术设计价值体系中的地位变化。前工业时代,人类的实践活动蕴含朴素的生态价值观。由于技术水平有限,人们对于自然保持敬畏之情,在参与技术的生成与应用阶段的设计方案选择时,生态价值是其关键的衡量标准。工业时代,科学知识不断丰富并对技术领域进行渗透,技术的发展依据由工匠经验转向了科学知识。在经济利益的驱动下,人类将自身与自然放到对立的位置上,通过对自然的征服与索取实现经济最大化的目标。生态价值在工业时代找不到生存空间,甚至考虑生态指标的设计方案被看成经济发展的障碍。工业时代人类对自然肆意妄为地索取,造成了严重的生态危机,人类也受到来自自然的一次次报复。由此,到了后工业时代,依据技术伦理、人类学、生态学等理论的发展,生态价值在技术的设计过程中被重新放到较高的位置,同时随着生态危机的表现日益显著,生态价值的地位也越来越高,世界各国都展开了以尊重自然为前提的理论与实践活动。可以说,技术设计经历了(朴素的)生态价值取向—(基本)无生态价值取向—生态价值取向这一否定之否定的过程。

最后,人文价值在技术设计价值体系中的地位变化。前工业时代,完成技术设计的主体通常是兼任工匠与艺术家的手工艺者,负责从艺术设计、绘画表达到将符号转化成物质产品的全过程,这一阶段的技术设计往往服从于人文的需要。工业时代,随着技术创新的依据由经验转向了科学,以及在强大的经济价值驱动下,此时的设计更多地考虑工程维度的效果。设计实践排斥了人的价值与意义,人被"物化"、成为"非人",物反客为主,成为"人"的现象愈演愈烈。进入后工业时代,针对工业时代中技术设计价值取向上重"物"轻"人"的特征以及由此引发的人文价值危机,很多学者从人性的角度开展了相关研究,比如负责任创新、价值敏感性设计等,提出技术设计实践应该遵循并体现"以人为本"的价值观。人性化理念参与、设计出来的技术为人的自由全面发展提供了技术支撑,同时人作为技术设计的主体,在参与设计的过程中也不断提高理性水平,实现技术发展与人类发展的和谐统一。技术设计最终的价值旨归应该是人的自由全面发展。

2. 主要技术设计方法枚举

哲学中,"方法"被当作技术术语使用,用以阐述智力艺术和科学。设计方法的作用就是根据设计的目的,科学有效地将知识、技巧、技术、艺术、人文等要素按照一定的逻辑、机制和原则组织起来。设计同美术和技术的结合历史悠久。人对技术的设计,特别是技术人工物的创造,都要求一定形式的计算和预先思考,并且需要从整体上体验、理解和欣赏。因此,设计不仅和工程、自然科学、数学的关系密切,还受人类文化、艺术、历史环境等因素影响。在设计、美术与技术的结合过程中,技术设计的方法有着明显的历史变化脉络。

技术设计发展初期,人们仅依赖自身的直觉和灵感,并受经验的制约,传统的技术产品主要体现为手工艺品,主要依赖"试验性"的生产,对设计的一般性"方法"提炼与总结并没有得到人们的重视。随着科学的进步与技术的推广,工业机器得到了进一步的发展,实现设计的手段得到改善。工业文化的产生促使人们对传统生产方式进行反思,"方法"开始引起了人们的关注。在工业化机器标准化、规模化生产的语境中,人们对传统的手工艺品的原型、结构及材料进行了深入思考。依据工业革命社会、经济、自然以及技术水平等要素,技术设计的方法得到了广泛关注,在理论研究与实践探索过程中,形成了各具特色的技术设计的方法论流派。

一是包豪斯主义设计。1919 年,格罗皮乌斯创建了"bauhaus"(包豪斯)学校,对工业化的设计家与建筑师进行培训,并发表《包豪斯宣言》。包豪斯主义的设计宗旨是以人为本,设计的法则是尊重自然。例如,工业生产的进程不断加快,生产效率不断提高,与之相对应的,则是对自然资源的使用量不断增加,而资源的有限性势必成为制约工业生产的一大因素。因此,包豪斯学派极力推崇使用诸如钢筋、水泥、玻璃等现代人工制品,而尽量减少自然材料的使用。

二是流线型设计。流线型设计作为现代主义设计的一个流派主要出现在 20 世纪三四十年代的美国,它主要源于科学技术的进步和工业生产。这种流行风格源于理想化的机器信念和现代艺术思潮中的现代设计理论,具有浓厚的空想色彩,它以道德观作为评价设计的准则,强调忠实于材料,真实地体现功能和结构,并力图用以抽象几何造型为特征的美学形式来改造社会。这种流行风格开始主要流行于工业设计领域的汽车制造业,后来作为时尚、品位的象征渗入各种日用生活品。

三是现代主义设计与后现代主义设计。相对于传统设计而言，现代设计是工业文明的产物，是对既有传统的扬弃与超越。现代设计所主张的民主，即设计为大众的思想，相对于为贵族服务的传统设计观念是一次伟大的变革和进步。现代主义设计的目的不是创造个人表现，而是致力于创造一种非人性的、能够以工业化方式大批量生产的、普及的新设计，这样的设计很大程度上是基于降低成本、能够使设计为大多数人享用的目的。针对现代主义设计严谨、冷漠的理性主义和功能主义，以及风格上的崇尚简洁、反对装饰，后现代主义设计反对形式的千篇一律，主张设计形式的多样化与装饰性，在设计中关注人性和情感表达，注重设计的历史文化内涵。后现代主义设计将自己时尚而充满活力、富于多重内涵与装饰性的物象之美呈现于日常生活的舞台上，塑造了感性化、富于个性表达、丰富而生动的审美形象。

四是绿色设计。绿色设计是整合设计与科学的技术，也就是要求以科学发展观指导绿色设计的科学发展。科学发展与绿色设计合为一体，树立"科学化发展绿色设计，绿色设计发展科学化"理念，以更科学、更先进的绿色设计实现设备的科学升级，实现在能源技术、动力技术、热力学技术、材料技术、控制技术、成型加工技术、生态环保技术、清洁技术、网络技术等诸方面的绿色技术从较低层次向较高层次的阶跃式发展。

(二)技术范式更替转换的结构表现

人类技术的发展伴随着技术范式不断更替，由此推动人类社会文明的前进。在人类社会不同的历史时期出现了不同的技术体系，而技术体系中的核心技术则形成相应的技术范式。

首先，始于石器时代的原始技术范式。石器时代可以划分为旧石器时代和新石器时代两个阶段。前者指距今 300 万年前到距今 1 万年前的时期,这个时期的技术以石头、矿石为原材料,出现了打制石器,衍生出的包括刀、镞、斧、石球等技术人工制品。后者是距今1.4万年前到距今8000多年前的时期,这一阶段技术以陶土等原料为主,出现了陶器和磨制石器,并衍生出了更为精细的技术工具,同时人类社会的生产也出现了原始农业、畜牧业和手工业的划分,从原始的狩猎时代迈向游牧、农耕时代。从石器时代开始一直持续到第一次工业革命以前,无论是西方还是东方,这一时期的技术都是以经验积累为基础的实践性原始技术范式。这一时期最主要的特点不是能源利用效率低到无法满足人们需求,更不是能源的缺乏,而是技术本身分布的不均衡性。社会结构存在着严重的问题。新兴的产业在制度上不受旧社会制度的约束,如玻璃制造业、采矿业、冶铁业、印刷业从一开始就在资本主义生产体系下运行。自资本主义萌芽时期开始,技术与人之间就埋下了裂痕,资本主义所要求的机械化大生产以及无限扩张的本质,使得技术在获得大力发展的同时,也处于为人服务还是为机器服务的尴尬境地之中。

其次,第一次工业革命以来的现代技术范式。现代技术范式主要是与原始技术范式相对,以近代以来的科学技术发展作为技术发展的重要动力,可以说这一时期的技术范式所形成的技术体系中,技术的发展主要依赖科学的进步,传统的手工匠人的经验积累相对于技术的发展重要性稍显不足。换句话说,技术的科学化与建制化成为这一时期技术范式发展的主要动力和特征。在现代技术范式的作用下,这一时期发生了两次科技革命:第一次是18世纪60年代以珍妮纺纱机为起点的第一次工业革命,将人类劳动从手工业中解脱出来,手工业生产被高效率的机器生产所取代,此后蒸汽技术的出现及广泛应用使纺织、印染、冶矿等产业生产效率的大幅度提升成为可能;第二次是19世纪70年代以电力的广泛应用为标志的第二次技术革命使钢铁、煤炭、机械加工得以迅猛发展,也产生了石油、电气、化工、汽车、航空等新兴工业部门。专门化技术替代人类劳作的技术随着第二产业规模化、专业化程度的提高,引发了人类产业结构的巨大变革,体现为技术的每一个方面的改变都有赖于一个关键因素:能量的增长。规模、速度、数量或机器的增多,都依赖利用燃料的新燃烧方法或是可资利用的燃料量的增长,最终摆脱了人类和地理的自然限制。

最后,第三次技术革命开启绿色技术范式。随着工业化与现代化的发展,我们一直处于技术飞速发展牵引人类社会不断向前的高速发展阶段。随之而来的是近代工业带来的生态问题与自然环境的恶化,由此人类开始反思技术发展的过程,试图以一种新的绿色技术范式作为技术发展的规范与动力。直到现在,我们仍处于现代技术范式向绿色技术范式的转变之中。本书认为,绿色技术范式形成是基于对现代技术范式中技术与社会异化的反思,基于摆脱了机械化生产的第三次技术革命带来的技术基础之上。第三次技术革命以原子能技术为技术发端,以量子物理、信息学、控制学为科学基础,产生了电子计算机技术,并衍生出了向太空、海洋等空间延伸的新技术,也衍生出了使替代旧技术范式成为可能的新材料、新能源技术。第三次技术革命将人从机械化中解脱出来,转向自动化控制甚至人工智能,大幅提高了生产效率,给人类生活方式也带来巨大变革,同时绿色技术开始成为人们追逐的重要方向。

(三)技术设计与技术范式演变的统一性

"虽然每个技术阶段都大体上代表人类的某个特定的历史时期,但更重要的特征是每个阶段都是一个技术体系。"[1]因此,每一个技术体系的形成都是与特定的技术设计及其范式的更替相关的。从工业文明发展的过程来看,其演进的过程可以分为三个阶段:第一个阶段称为前工业社会,以对自然的采掘为技术主导,实现人与自然的竞争;

---

[1] 芒福德:《技术与文明》,陈允明、王克仁、李华山,译,中国建筑工业出版社 2009 年版,第 101 页。

第二个阶段为工业社会,以机械技术为主导,实现人与人为自然的竞争;第三个阶段为后工业社会,以对自然的分享为基础的智能技术为主导,实现人与人的竞争。在这三个阶段中,都体现了技术范式对技术设计的影响,以及所形成的主要技术类型与其范式结合的一致性。如果以宏观的工业社会视角去看待该时期的技术问题,那么围绕这一社会发展时期人类所进行的技术设计都是为了如何更好地发现自然资源的价值、更好地利用自然,在人与自然之间体现的是一种二元对立的范式关系,所以这一时期的技术设计重在对于效率的提升。比如从自然力作为动能到以化学能作为动力的技术演进,就很好地说明了这个问题。而对于这个问题,贝尔将各个阶段技术设计和技术范式的设计特点和范式风格与不同文明阶段对照,他指出,无论是表现形式还是内含的价值、理念,皆是历时性和共时性的结合。

从历史动力因角度来看,技术设计与技术范式变迁也是历史进步的动力因。但是国内外学者似乎较多地从技术范式的角度研究其与文明演变的关系,如库恩所言:"范式改变,这世界本身也随之改变了。"①马克思从生产力改变生产方式的角度,论述了技术范式变迁带来的资本主义社会的发展。技术范式的更替与文明演进呈现了一定的共时性与互动关系。但相比较而言,因为技术范式更替不仅包含技术概念、技术认知、技术传统、技术价值、技术共同体等技术综合体系的全方位嬗变,而且会推动相关的社会制度、文化观念朝着新技术范式引导的方向发生系统性变革,所以,在技术范式与文明演进的共时、互动关系中,技术范式表现为更积极主动的显性力量,其更替也成为划分文明阶段的重要指标。当然,技术范式的更替只是文明演进的必要不充分条件。

与此同时,技术范式的更替也需要所处文明阶段制度、文化等方面的反身孕育。芒福德在《技术与文明》一书中对古生代、始生代、新

① 库恩:《科学革命的结构》,金吾伦,胡新和,译,北京大学出版社 2004 年版,第 101 页。

生代等阶段进行划分论述时，曾借用斯宾格勒在《西方的没落》第二卷中提出的"文化的假晶"概念，来说明技术与文明的演变阶段性关系。这一概念就是指如果新技术范式中的技术群体已经成熟，但是相应的制度、文化等社会条件还不成熟，那么新的技术范式也无法稳固。

另外，从技术设计的演变与技术范式的演变之间的同步性和协同性可以得知，技术范式与文明形态之间呈现的关系也可以用来分析技术设计与文明形态之间的关系。后文将详细对技术设计与技术范式之间的紧密关系做论述。

三、技术范式与技术设计的互动机制

(一)技术设计的两大传统

米切姆于 1994 在《通过技术思考》一书中探讨了技术哲学的工程主义和人文主义两大传统，这两大传统的划分是基于对"技术"概念的不同理解。米切姆认为，工程主义传统的研究者大多是从事技术和工程研究的工程师和实业家，他们从技术看社会的视角进行研究；而人文主义传统则将技术置于广泛的社会框架内考察。这两大传统形成了对于技术研究的固定的、对峙的两种范式，这两种范式在技术设计中也有着明显的表现。技术设计的两大传统，实际上就是米切姆主张的技术哲学之中的工程主义传统和人文主义传统。之所以提出这样的观点，主要是因为技术哲学中对技术的认知的传统看似是哲学家对于技术研究的不同范式，实际上是哲学家对坚持这两大传统对待技术的人的思想的研究。因此，在技术发生、发展、创新演化的过程中也必然地存在这两大传统，否则哲学的反思也不会形成以上的观点。

1.技术设计的工程主义传统

工程有狭义和广义之分，日常经验中的工程多指大型的技术生产的工作,广义的工程则泛指需要巨大投入的一切工作。工程主义是对各种具体的工程理论和工程方法的概括总结,是关于工程及工程问题较为完整的理论体系。

技术哲学的工程主义传统将技术看作"目的的手段"与"人的行动"[1],因此,技术设计的工程主义传统的最基本含义就是:人对实现自身目的的手段的设计以及对此过程中人的行为的研究。技术展示在人的行动之中,在工程主义看来,技术以理性为准则。设计活动是工程活动中一个关键性和特征性的环节。设计工作、设计能力、设计成果具有极大的重要性。设计是人的思维方式在行动中的外现,技术设计极大地遵守工具理性的准则,技术设计的理想是科学实验室的理想,技术设计中遵从的技术理性,将技术从变量的政治和社会中独立出来,完全遵循本身的科学理念和逻辑。

技术设计的工程主义传统下,技术的设计者多是具有工程师或技术专家思维的,习惯按照技术自身的工具理性逻辑表达自身目的。工程主义传统下,由于存在知识壁垒,设计者大都从技术本身所依赖的科学知识体系出发,研究技术本身的逻辑,或对传统技术进行改造,或创造式地进行新的技术发明。在技术设计的工程主义传统下,技术是对世界进行改造的"巨机器"。总体来看,工程主义传统的技术设计具有三个方面的特征。

首先,技术设计突出技术的科学性、中立性。工程主义的技术设计传统追求在设计过程中的技术工具效率的最大化,力争符合技术自身的技术理性,将其作为一种完成效率最大化的工具而生产,忽视了对技术自身价值负载的考量。例如,工程师对核弹、杀虫剂和飞机这样的技术进行设计时,只是考虑到核弹的爆破威力、杀虫剂对害虫的有效性以及飞机速度的提升,而工程师并不对其负面效应负责。如萨诺夫所言:"我们很容易把技术工具作为那些使用者所犯罪孽的替罪

---

[1] 海德格尔:《海德格尔选集》,孙周兴编选,上海三联书店1996年版,第925页。

羊。现代科学的产品本身无所谓好坏,决定它们价值的是它们的使用方式。"①技术衍生出的技术产品本身并无道德属性,它们的作用不能还原到设计师本身,也就是设计意图本身,这是工程师最不愿意看到的。

其次,工程主义传统的技术设计更强调经验性,突出技术的社会作用。工程主义将技术作为一个目的性的工具,其技术应用的社会效益也是技术专家所看重的。在技术发展的过程中,技术专家的新发明使人类社会的发展速度加快,技术的应用如同人类对大自然密码的破解,极大地提高了人类对于自然的主动地位。与此同时,人类也在自身改造自然的经验中不断地丰富技术的设计灵感,更多的技术从零散的经验转向系统的机械图景。从酿酒、织造、制糖等原始的自然技术到蒸汽机、电灯、火车等机械技术,技术一直作为美好的生活愿景照耀着人类,从培根所述作为控制自然的力量,到杜威强调掌握技术的实用性能力,哲学家们也在遵循技术本身的发展脉络,推动人类社会的前进。

最后,工程主义传统的技术设计展现出技术的可计算性与可预测性。技术设计的工程主义传统最主要的是遵循技术的工具理性,这种精神气质和行为方式,肇始于康德并成为确证道德自律的正义理想的承载者,并在近代技术发展的过程中演变成可计算和可预测的可能性"集合体"。通过技术设计,人们可以对技术的功用目标、实施方案和途径进行理性的监测,技术变成受支配的目的客体。韦伯指出,西方社会的所谓现代化,是一种理性化,这种理性化可以用技术理性的形式加以表现,即在工具理性到目的理性的变化发展中得以体现,但是其结果是人类的价值和意义丧失了存在的客观性和普遍性。②

综上,工程主义传统的技术设计是一系列改造自然的实践行为。

---

① 麦克卢汉:《理解媒介——论人的延伸》,何道宽,译,商务印书馆 2000 年版,第 37 页。
② 哈贝马斯:《交往行动理论》,洪佩郁,蔺青,译,重庆出版社 1994 年版,第 211 页。

在此过程中,工具理性、经验积累、客观效率成为技术设计的关键指标。在境域化技术设计中,工程主义的工具理性之思成为重要的特征。工程主义传统下,技术设计遵循的是技术目的与手段相分离,把技术看成解释和改造世界的唯一方式,人作为特殊目的的主体对客体技术有着压倒性的控制权。因此,技术设计的工程主义传统更具专业性与技术性,更容易以机械的效率作为技术设计的衡量标准。工程主义传统的技术设计强调设计之中对技术本身的性质和特征以及客观表现形式的完善,使其在技术理性的最大范围内改造世界。

2.技术设计的人文主义传统

所谓人文主义设计理念,就是"设计经过形式主义、功能主义等思潮走向成熟的设计理念,也是哲学人文主义的实践延伸,它主张,任何人造物的设计(或非物质设计)必须以人的需求和人的生理、心理因素即人的因素为设计的第一要素,而不是技术、形式或其他"①。《中国大百科全书(哲学卷)》将"人文主义"解释为:欧洲文艺复兴时期新兴资产阶级反封建的社会思潮。真正现代意义上的人文主义始于文艺复兴,以此为滥觞,在人文主义登上历史舞台的近七百年的时间里,涌现出了18世纪卢梭等人的浪漫主义、19世纪的非理性主义、20世纪初的释义学与存在主义和20世纪三四十年代出现的法兰克福学派,他们都秉承着同样的信念,强调人的现实意义,主张用科学技术来造福人类,营建一个人类的幸福家园。受近代培根致力于技术发展的影响,技术的人文主义传统更是造就了一批现代人文技术哲学家,如芒福德、加西特、海德格尔和埃吕尔等。

技术的人文主义学者将人当作终极分析目标,但与其说人文主义技术哲学有时被认为是反技术的,不如说人文主义技术哲学是从外部环境而非技术本身的内部逻辑来考量技术的利害得失。他们主要批

---

① 王坚:《数字档案馆技术设计的人性化》,《河北农业大学学报(农林教育版)》,2005年第3期。

判技术的工具性对人的生存构成的威胁。人文主义技术哲学从非技术角度本质及其意义进行探索,批判工程主义传统的技术哲学将整个世界进行技术化理解的不合理性。技术设计在人文主义传统的影响下,也为自己关于人类制造活动的意义的不同表达形式找到来源。很大程度上,技术设计的人文主义传统,受到人文主义哲学家的影响,使技术设计中,工程师或者技术发明者更容易从外部对技术的创新发明进行考察,在技术自身逻辑之外更多地将技术对于人性的思考引入其设计理念。他们将自己的职业设计看作是一个人性化的过程,总是会将人类追逐的目标转化为自己的设计语言,并通过技术来表达。

技术设计的人文主义传统,更加注重技术的意义层面,因此广泛涉及技术与技术事务之间的关系,如技术与艺术、宗教、伦理学等方面的关系等。因此,在人文主义传统的技术设计之中,技术设计的影响因素,除工程师所关注的技术效率和问题解决效度外,更多的是遵循一种非实用目的对应逻辑,在于呈现出技术之于世界的意义与表达。应该说这种人文主义传统并不是与工程主义传统的技术设计完全分离的。实际上,在某些情况下,工程师作为一种社会人,其技术思想、设计的动力或多或少地都会具有"人文性"。即便在技术的逻辑思维下,工程师也会在一定程度上关注道德问题。换言之,他们对技术的设计和使用并没有使自身游离于人文主义视野之外。正如海德格尔在对技术的追问中宣称的那样:只有在语言那里,技术才能被理解,存在才能被拯救。

人文主义传统的技术设计从古希腊开始萌芽。在方法上人文主义传统的技术设计强调规范性的价值设计,更多情况下采取一种外部性的方法设计技术。也就是说,人文主义传统工程师在把握技术时,将技术置于社会环境中,把对其应用的价值影响作为技术设计的首要依据,很多时候,规范性的价值依据就比单一采用技术的工具理性逻辑解决问题具有更大的柔韧性。因此,技术设计的人文主义传统也可以归结出以下几个方面的具体特征。

　　首先,人文主义传统的技术设计的最主要特征就是以人的内在自省为根本,突出人的重要性。在技术设计中突出人的本体性、根本性的,不是对外在客观世界规律的遵循,更多的是对人的内心的善的服从,以自省的形式在技术上突出人性化需求,在复杂的技术世界中寻求人的内心的平静,即始终保证在技术中人作为价值的尺度,人的技术设计实际上就是对内心的询问,在技术载体中找到自己也就找到了技术的本质。具体来说,人文主义传统的技术设计就是技术的理性与价值的统一,在目的性与价值性之间寻求有效的平衡。只有在价值观上对技术实现的目标做出约束,技术才能指出如何或怎样达到这个目的。

　　其次,人文主义传统的技术设计还追求技术的人性化要求。从设计理念产生的直接原因来看,人文主义设计理念主要就是解决在 20 世纪中叶出现的人与机器的矛盾问题。在机器大工业大幅提升社会生产效率的同时,人们发现机器的广泛应用造成人的心理和身体不适的状况越发严重。法兰克福学派也认为,这种资本主义技术大工业的生产方式引发了社会虚假需求、单向度的人以及技术的意识形态功能对人的压迫,所以技术设计者们越发关注人的自身的问题,所以人性化要求也就成为人文主义技术设计的重要特征之一。人文主义传统的技术设计在技术设计过程中强调人的社会性的实现,注重技术在社会应用过程中人的舒适性的提升,是知识与行为、人、社会机制具体的、实践的统一,强调文化差异、个人态度、认知评价、社会行为和环境的统一。

　　最后,人文主义传统的技术设计体现了人的审美天性。思考以及在劳动中思考,是人之所以为人的标志,是与其他生物最重要的区别。人类思想的结晶和终极境界在美学中得以体现,技术的目的是服从人的需求,这个需求既包括使用层面的物质需求,也包括审美层面的精神需求,如伦理、宗教等。即便在原始时期,人们对各类制作尚有审美的要求,尽管这种要求在当时只是"次要的欲望"。随着物质条件的满足,人的需求自然会自动进阶为精神层面的需求,即审美需求。当今社会,设计的审美意识往往停留在产品的形态美上。更确切地说,人文主义传统的技术设计至少有科学和人文两个维度,前者保证技术设计的效率性,而后者保证技术设计的价值需求。随着时间的推移,人文主义设计的观念也有了进一步的发展和演变,设计不但是改造产品外观造型的技术手段,同时也是改造人类生产生活、加强精神建设的一项实践性艺术创作活动。

(二)技术范式对技术设计的规定

正如之前讨论的一样,技术范式是由自然技术自身的"硬核"和社会要素构成的"保护带"组成的二层结构,在一定程度上,技术范式可以看作是广义的由自然技术、社会技术和思维技术构成的复合性存在。这种广义的技术本身就决定在人对技术进行设计时,既需要考虑到自然技术的属性,同时也要考虑到社会技术的属性。因此,在对自然、社会和思维三种技术进行设计时,技术范式以特定规范性对设计形成了一种特殊的权威作用。即从"硬核"角度,技术自身的发展彰显着设计的技术理性,而对于"保护带"的社会要素构成,则体现出社会如政治、经济、文化等对技术自身选择的价值逻辑。技术范式中"硬核"部分的技术群是走向发展还是毁灭,关键在于其与"保护带"部分的耦合状况。

1."硬核"决定技术设计的理性逻辑

技术范式二层结构中的"硬核",是指技术范式组成要素当中的"技术本身"。这种技术本身是相对传统的自然技术而言的,主要彰显技术范式作为一个复合存在时的自然属性。技术范式的"硬核"的形成不取决于某项技术或某几项技术组成的群体,而是一套决定技术发生与发展过程的特征属性的内容。技术范式的"硬核"具有内置性、抗变性和高度的稳定性。如果这个"硬核"中的技术群是抛弃原有技术发展"轨迹"而形成,将新的"技术范式"所应有的技术特征、认知等因素一同容纳在内,那么也就是完成了新的技术范式"硬核"的实现。所以在进行技术设计时,从技术自身角度出发的设计就是针对这种形成技术范式的"硬核"的设计。同时,这种技术设计所遵循的理性逻辑又反过来进一步加强了技术范式对技术工程人员在设计过程中的规范性。

组成技术范式"硬核"的技术在被选择、设计时,就是在内容上体现技术范式自身的发展和功能。从技术设计角度讲,技术范式的"硬核"在整个形成过程中,相当于各种相关技术的磁场或聚焦器,它不断地在创新过程中把其他技术吸附并组装在自己的骨架上。技术范式的"硬核"作为汇聚物,以一种隐喻的方式汇集各种相关技术的内涵,就如一个生命个体中的 DNA 遗传因子。对于技术设计者来说,技术范式"硬核"内的技术所具有的样品性,也就是技术创新的路标,是整个技术创新过程中追求的目标。一个新的技术范式在与现有技术范式的矛盾冲突中能够成为主导范式,关键是要确立自己的主导技术,确认与该范式相容的技术特征、技术认知,形成新的核心技术群以及技术体系,由此构成一个范式所必需的要素,即形成技术范式的"硬核"。

2."保护带"决定技术设计的价值逻辑

"保护带"是针对"硬核"存在的,其作用是对被选择的技术群体进行保护。保护带自身似乎在不断变化的过程中,因此其对技术的选择与保护也是不断变化的。技术范式的保护带不仅能够保护适应社会因素的技术群不断壮大,还能将不适应社会发展的技术群挡在技术范式硬核与社会之间。技术范式结构中的保护带,应该是具有政治、经济、文化、宗教等诸多相关社会意识的综合。这些社会意识在技术范式"硬核"发展的不同阶段,与之相互作用、相互影响,形成技术在社会运行中的一个大环境,这个环境或者对技术范式"硬核"的发展起到缓冲阻滞作用,或对其产生促进、加强、引导规范的作用。

　　技术设计并不是只要遵循自然世界中的客观规律就可以完成的,任何技术的设计与创新除了在自然世界中有相应的技术原型,还要应用于人类实践的社会领域。因此,在技术设计过程中发生规范作用的技术范式的"保护带",在一定程度体现了社会对于技术设计的选择,具有"社会建构"的色彩。在社会学领域,伯格和卢克曼于 20 世纪 60 年代首次提出"社会建构"的概念。[①] 经过十余年的发展,在历史主义科学哲学,尤其是库恩的"科学范式"对科学的历史性和社会性揭示的基础上,人们开始意识到文化、价值、政策、管理等各种社会因素是对科学发展发挥干预作用的关键,进而推进了建构主义在社会学中的兴起与发展。一项技术设计是否成功,能不能最大限度实现设计者的意向和目的,主要是看这项技术有没有满足社会对其的功能需求和价值需求。我们知道技术作为人类设计的实践,不可避免地会渗透人的价值倾向,这是由技术的社会性还有其社会需求的历史性所决定的。在这个程度上,技术范式在为技术设计者提供特定的知识背景和学术信仰的同时,必然会将社会上的价值逻辑植入自身。技术设计便在"社会建构"的过程中有意无意地遵循了价值的逻辑。技术范式跃迁及主导范式形成不仅是作为"硬核"的技术群作用的结果,此过程中伴随着"硬核"与"保护带"之间已有耦合关系的破裂与重组,外部环境也不断为技术范式的发展与演化提供物质与能量,而范式发展轨迹则对技术设计有着促进、适应、抑制等作用。

(三)技术设计对技术范式的反馈

　　本书认为,技术设计系统是人对于技术自身形成的范式的一个输入过程,这个过程反映人的价值和目标,还体现了作为技术范式重要

---

　　① 　Berger P, Luckmann T. The Social Construction of Reality: A Treatise in the Sociology of Knowledge[M]. NewYork: Doubleday Press,1966:46.

输出的技术的规范作用以及这一过程中技术人工物对人的技术设计的反馈作用。正是在这个输入与输出的过程中，技术范式以"硬核"与"保护带"之间的相互作用，完成技术自然与社会要素之间的相互选择，在整体上呈现出一种广泛意义上的自然技术与社会技术之间的互动（见图 2-1）。

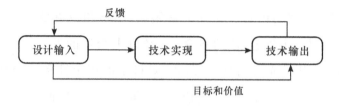

图 2-1　技术设计系统

1. 设计：主体对技术范式的重要输入

按照历史主义的观点，技术范式的形成是一个在前技术范式时期不同技术理论、意向、理论等相互竞争的过程。而在不同的范式形成发展的竞争中，真正起到重要作用的是人对技术的设计过程。可以说，人的意向性的设计直接反映到将自然世界之中被遮蔽本质的技术还原到本质层面，再将其形成具体的技术人工物。所以在技术、范式与设计三者之间形成了一个相互作用的系统。而设计就是这个系统中主体对于技术范式的重要输入。从技术设计的本体论维度来看，技术是一个具有"二元本性"的人工物，一方面，技术是具备一定结构特点的物理客体，受客观规律的支配；另一方面，功能是技术客体的另一个关键方面。技术的功能与结构是彼此独立又密不可分的，同一个结构可以实现多种功能，同一种功能又可以用多种结构来完成，技术设计就是二者之间转译的实践。技术设计必须在"一个客体的功能描述（即设计过程的输入）和结构描述（即设计过程的输出）两者之间的鸿沟上架设桥梁"，技术设计过程可以被理解为"一种解决问题的过程，在这个过程中一种功能被翻译或转换成一种结构"。技术人工物作为技术范式调节和规范的一个重要输出结果，其前提条件是有主体对技术物理课题的结果和功能的主观意向,这种意向蕴含在主体对于技术的设计之中。因此,技术设计是工程技术活动的核心实践,设计者在对物理结构和人工物使用者的意图认知的基础上,设计并制造具有专门功能的技术人工物,体现着一定的本体论承诺。设计者理解使用者意向性进行技术设计的过程则体现为一种社会建构过程,相关联的社会群体聚焦于技术设计。技术设计并非一个一锤定音的实践,在参与建构、选择某种结构和功能的时候充满着来自不同利益主体、社会因素之间的矛盾和冲突,使设计过程不能一蹴而就,而是需要一个反复协商、博弈的过程,只有经历了这个过程,设计才能被最终确定下来。

2.技术:技术范式的重要输出

技术在社会运行之中形成相应的范式,而技术范式一旦形成则成为技术发展的基础框架和方向,并对相关的技术工程人员进行约束与调节。一方面,有什么样的技术范式就有什么样的技术。从技术发展的历史来看,古代以经验积累为主导的范式形成了古代的经验技术范式;到了近代,自然科学的发展以及实验和基础理论科学的兴起催生了近代的科学技术范式。这就是范式影响着技术的类型,技术成为技术范式的重要输出。另一方面,一种技术范式之所以形成,结构主义的观点认为,主要是由于"硬核"作为范式不可通约的决定性作用。即便这种决定性作用对于技术范式有着基础性的影响,但政治、文化、艺术、经济等社会要素构成的"保护带"也会对这种技术"硬核"在一定的范围内进行选择和建构。

技术范式的外层结构是技术运行时所处的社会环境,在技术与社会各种复杂因素产生联系并发生相互作用时,技术自身在外层结构中会发生变化,既与自己原有的技术磨合,也在经受社会环境的检验。技术范式的"保护带"可以提供技术内核与其他技术或者社会其他因素之间进行磨合的缓冲区域。技术范式的"硬核"得到社会精神的规范和指导,经过筛选后的技术范式保留更具优势的"硬核"。技术范式的"保护带"迎合技术群的需求,既扮演了引导技术创新方向的"导航仪"角色,又扮演了将技术范式的"硬核"应用于社会的"传输带"角色。技术范式的内核与外层两个结构形成良性互动,在技术供给与社会选择的过程中形成成熟有序的技术范式。技术范式在技术共同体的活动中会发生一些改变甚至演变,当一种新的技术范式代替一种旧的技术范式时,首先需要突破的就是来自保护带的阻碍,即技术范式的"技术自身"要经过"保护带"的筛选。"社会精神"对技术社会功能的选择与检验,要么改造吸收旧"保护带"中的一些内容,要么重新建立一整套新的"保护带",为新技术范式内核找到落脚点,最后完成新旧技术范式内核的交替。

3. 技术设计:技术范式的自组织调节

技术设计是一个过程性的行为,具有动态特点。技术的设计是在技术的发生、发展过程中体现的,而在这些过程中,诸如文化、制度、情境等各种社会因素都全程参与,因此要从始至终地给予重视,此外还要考虑到技术在进行社会运行后所带来的全部影响,即形成由特定技术所影响的范式。例如,在对计算机的最初的某一个相关零件进行设计时,就应该想到电脑将作为一个完整的技术产品进入人们的生活,进而改变人类生产与生活的方式。这种范式可以看作是选择,一方面是技术强加给整个世界的结果,另一方面也不能否认社会对技术的选择与接纳。比如,水力磨技术在古罗马帝国晚期已经成熟,但该项技术得到广泛应用却经历了300年的时间,决定这项技术走向的并非技术水平的高低,而是300年后才出现了合适的社会环境和需求。基于本书关于技术范式所具有的"硬核"和"保护带"结构来看,技术从其发生的最初就有着人为的设计参与,成为技术范式所形成的系统的内生变量,并与技术本身、科学发展和社会精神三个实质性要素共同形成了技术范式的自组织系统。其中,科学发展是技术范式得以存在和发展的前提和基础,技术本身和社会精神分别为技术范式发展过程中的两个耦合变量,二者在技术范式的不同发展阶段表现出变化的张力现象。在技术范式的系统中,技术设计是其自组织调节的重要表现。

技术范式之所以可以被看作是一个自组织系统,主要是因为其满足如下三个因素:首先,技术范式呈现出耗散协同性。按照技术范式的层核结构来看,在技术本身与社会精神的相互作用下,整个系统由这两个序参量的协同—竞争完成演化,形成了"硬核"与"保护带"的"有序"结构,并且在二者之间发生着能量、物质和信息的交换以自动维持发展运动。在技术自身和社会精神的相互作用中,在整个技术发展的全生命周期之内,二者或者互不干扰、各行其是,或者一方支配另一方、同化对方,或者双方"协商"、交互适应,完成了技术在社会之中的整体运行,并呈现出具有结构特征的范式。其次,技术范式具有自转换性。技术范式呈现出一种耗散结构,表现为技术的更新迭代要经由范式与自身之外的社会要素发生物质、能量和信息的交换形成新的物质、能量和信息的有序结构,这种变化被称为适应性转换,是技术具有生命周期和范式形成的重要前提。最后,技术范式具有自调节性。为了有效地实现转换,存在人对技术形成过程的设计性参与,对技术自身的内核与社会精神所代表的社会需求发生着"涨落"的调节,即当技术"硬核"的某一部分或整体行为与社会需求的指标水平发生偏离时,技术自身会在人的设计参与下进行自我修正与完善。

第三章 现代技术范式中技术设计的实然表现

工业社会以来所产生的一切人与自然相对立的问题,在很大程度上都可以看作是一种技术设计上的不完善。而技术的这种在设计上的缺陷更多地反映出现代技术范式的失范。就是说,现代技术范式并没有在协调人与自然的关系中、在人类社会的经济发展与保护生态环境之间发挥有效的规定与示范作用。现代技术范式中,技术的任何一方面的改变都有赖于能量的增长和资源的投入,衡量技术的标准为经济贡献率。日益严重的知识壁垒和逐渐单一化的思维方式使现代技术范式结构特点影响下的技术设计在方法和理念上都存在一定的局限,进而导致了技术异化的种种问题。

一、技术设计与现代技术范式的关联

现代技术范式对技术设计的理念、方法塑造有较强的引导作用。同时技术设计进一步维持现代技术范式的秩序。

(一)现代技术范式:技术设计的背景

现代技术范式下主要诞生了 18 世纪 60 年代以珍妮纺纱机为起点的第一次工业革命,以及 19 世纪 70 年代以电力的广泛应用为标志的第二次技术革命。与之伴随的是生产的规模化、专业化程度的提高以及技术的每一个方面的改变,这都有赖于能量增长这一关键因素。加之劳动分工细化之后出现的人类知识的壁垒,人们被要求知道得更专而不是更广,使人们在劳动过程中产生的多样化思维、多样化心理,逐渐被机器的单一性思维、单一化心理所取代。可以说,现代技术范式无论从心理、精神上还是从知识背景与操作技能上都形成了技术设计的背景。这种背景下形成的技术社会形态与理论研究倾向,对技术设计的主体、过程和方法等因素的塑造体现出一定规则性。

现代技术范式背景下的技术研究包括传统技术哲学研究与技术哲学的经验转向两个阶段。现实技术问题的解决与指导的局限性日益凸显,技术设计的实践也逐渐成为一项专门活动,所以才有了技术哲学经验转向的出现。因此,技术设计作为技术哲学经验转向的关键概念,受到学界的广泛关注。然而技术设计的方法并不是从经验转向之后开始形成的,而是在技术哲学经验转向之前的传统技术哲学研究中,就已经孕育和表明了对待技术设计活动的不同态度。

技术哲学家伊德将西方技术哲学研究分为杜威学派、埃吕尔学派、马克思主义学派和海德格尔学派。这些不同的学派在研究技术设计时形成了不同的范式,比如杜威学派的实用主义理论范式对技术设计发生演进研究的启示,埃吕尔学派的技术社会理论范式对技术设计自主性的探索;海德格尔学派如海德格尔的技术现象学理论范式对技术设计及其人工物的本体论追问;马克思主义学派如芬伯格技术批判理论对技术设计的全方位透视。这些学派的研究成果是现代技术范式时期比较典型且有广泛影响力的理论,虽然有些研究并非针对技术设计问题,但是他们对技术发生、发展问题的主流观点对技术设计方法的形成也在不同程度上产生了规范和引导或者其他某种影响。

可以看出,在现代技术范式阶段,技术共同体所遵循的是现代技术范式中形成的技术规则和理念,这一技术共同体正是技术设计主体的组成部分,其遵循的规则和理念同样会应用到技术设计的具体实践当中；现代技术范式的技术主要呈现出工程主义的传统，追求技术工具效率的最大化，力争符合技术自身的技术理性，将其作为一种完成效率最大化的工具来从事生产，忽视了对技术自身价值负载的考量。在现代技术范式中形成的各种技术实体成为完成技术设计活动的技术基础，而追求最大效率、最大经济价值的技术基础，也将对技术设计理念和方法的形成产生强大的限制与规范性影响。

(二)技术设计：对现代技术范式的维护

技术设计的具体理念与方法是在特定的技术范式背景下形成的，一旦成熟可独立于技术范式，并反作用于原有的秩序，这种反作用或是对原有技术范式的加强，或是打破秩序以发生范式的更替。技术设计具有相对独立性，且与技术范式表现出相互耦合的关系。

在价值目标的设定上，技术设计对于现有技术范式的影响表现为价值目标输入的过程，有助于形成负载特定价值导向的技术体系。现代技术范式中的技术设计，更多地呈现工程主义传统，即技术展示在人的行动之中，奉行以理性为准则，技术的设计者多是具有工程师或技术专家思维的，习惯按照技术自身的工具理性逻辑表达自身目的。设计更多的是突出技术的科学性、中立性，忽视了对技术自身价值负载的考量。特定的技术范式的形成以既定的学科背景、方法规范以及非理性因素反作用于人对技术的设计过程，进而形成技术设计对自身秩序的加强。技术共同体便是遵循一种技术设计的规则、方法和理念的最直接体现。现代技术范式对技术设计思想的规范，是通过排挤人的地位和影响来发挥作用的。一方面，人类面对技术异化引起的一系列自然、社会等问题开始进行自我反思；另一方面，人在技术发展自主逻辑中的失语依然无法改变现代技术范式稳固性发展的节奏。所以说，技术设计的内容维持了现代技术范式的惯性。

技术设计对技术范式秩序的维护，也体现在技术人工物对于社会精神的选择上。这是通过技术范式"保护带"的选择作用所完成的。技术设计在形成特定价值属性的技术时,也要受到社会精神要素对技术的选择。很多情况下,技术共同体所信奉的基础方法、设计理念是与社会需求相一致的。在技术自主论和技术社会建构论片面性的影响下,技术的设计理念、方法等方面均存在一定的局限性,在这样的技术设计不断输入的过程中,现代技术范式维持着稳定和发展。比如,现代技术范式在社会中形成了一定的规模和惯性,对于可持续发展理念下出现的低碳技术、循环技术等一切绿色技术都依然进行现代技术范式的考核,在不满足其经济价值最大化的需求时,便给予排挤。所以才会出现在传统粗放式生产模式下,现代技术在实现短期经济效益方面拥有一定优势,当发展方式发生转变而要求传统技术改造升级和进行绿色化创新时,如果落后地区的政府、传统型企业在经济效益的驱使下,依然迷恋现代技术,而对于绿色技术的应用与推广持有保守与被动的态度,或者在技术绿色化的设计过程中不去重新赋予体现社会价值与需求的理念,那么原有的技术设计和技术范式依然会保持不变。

此外,由于现代技术已经主宰世界两个多世纪之久,它所带来的财富、价值和利益已经深入人心。现代社会已经习惯于现代技术带来的便利与模式,即便意识到现代技术中的生态缺陷也仍对其抱有宽容态度。这也以否定的形式对技术设计发挥技术范式秩序维护的作用提供了很好的证明。

总结来说,技术设计通过技术"人工物"的过程完成对技术范式"硬核"的加固,在"保护带"的社会选择下甄选设计的理念与价值导向,并通过技术范式积累下来的技术人工物积聚社会对于技术秩序的惯性。从整体上看,技术设计与技术范式存在一种系统循环的正反馈作用,通过技术设计输入人对技术范式的期待,反映人的特定价值和目标。

二、现代技术范式中技术设计的缺陷

技术的自主论和社会建构论对技术发生与发展的动力认知的片面性,对现代技术范式时期技术设计形成的理念、方法等方面都产生了不完善的塑造和影响。因此,现代技术范式中的设计在设计主体、设计客体、设计参与过程等方面存在缺陷。

(一)设计主体的缺陷:人类理性的不完备

对于技术异化问题的解释,技术自主论者与技术社会建构论者有着不同的观点。前者认为,技术异化是因为人类在技术的发生发展逻辑中发挥的作用对技术的走向不具备决定性;后者认为,技术的异化问题是人的能力不足导致的。而实际上,技术的异化不仅发生在技术的应用过程,更为本源的是技术在设计阶段存在的缺陷。

技术的社会建构理论将技术设计从参与技术的应用阶段前置到技术的发生阶段,技术设计的核心目的是规避技术现实世界的负效应问题。然而,以杜威、芬伯格为代表的技术社会建构论下的技术设计仍然存在着局限性,主要来自对解决技术设计主体(人类)的理性不完备问题的不彻底、不周全的探索。例如,芬伯格技术设计思想具体应用于现实的可把控性与操作性不强,具有一定的理想主义色彩,它的贯彻不能够完全地规避所有的技术风险,似乎也很难指导技术、人与自然社会的协同实践和谐生成。芬伯格的技术设计思想借鉴了社会建构理论关于技术的"待确定"理论,把技术动态地看成是尚在发展生成中的事物,进入技术内部进行分析,拆分技术活动过程,集中关注技术设计在整个技术活动以及技术实施后产生社会效应中的功能作用,剖析技术设计的过程。技术设计的待确定性更主要的是从思维角度来考虑。设计本身就是以思维活动为主的一个过程,主观性的发挥、客观实际的准备都会或多或少地造成设计目的与设计结果的溢出,特别是在放在社会大环境的复杂情况下,这样就使得技术设计具有预设性以及待确定性,在技术的最初设计和以后的应用过程中无法选择和预料不受欢迎的后果,具有一定的现实的局限性。考虑具有影响技术设计的因素之一就是其主体的经验与能力,技术的设计在主观程度上是有限度的,非意愿的后果留给人类的不是后悔与反省就可以解决的。因此,设计是主观的活动,主观的活动是有限度的,所以技术的设计理所当然也有限度。所以说,技术设计思想只能不断接近达到预期的最合理的结果,而不能完全规避技术风险。

另外,人的理性的不完备也体现在科学和技术自身的局限,这是应用它的人的无能造成的。杜威在其矫正办法中,尤为强调道德的重要性,他认为,道德和价值是同一事实的两个方面,而且道德在规范技术发展中具有重要作用。但是,单凭道德呼吁去克服技术奴役问题是不可能的,如美国人拒签和履行《京都议定书》的内容就可以有力地展现单纯的道德手段在规范人类的行为时有多么无力与被动。因此,在现实面前,单纯的"善良意志"不免过于理想化而难以完全奏效。可以说,这种道德归宿的拯救之路正是许多当代"人本主义者"或"人道主义者"所倡导的,这条路径不能说是无意义的和不重要的,然而其不足在于,它忽视了技术更广泛的社会属性,没有从技术与人的本质联系这一理论高度去探究技术异化的根源,也没有结合人类理性的局限性进行必要的探讨,因此不可能完成抑制甚至完全解决技术异化的艰巨任务。

(二)设计客体的缺陷:局限于自然技术的设计

人类的技术历史久远,但多数都是从工程学的技术传统出发对技术进行狭义的理解,局限于对自然技术的理性改造。传统的技术设计的设计客体——自然技术，其最大特点是自为性，即它是高度自觉化的技术，是人出于明确的目的，根据一定的规律，为满足人的需要，而依靠自然界的物质、能量和信息，设计、发明出来并自觉应用的技术。这时，技术目的与技术手段、技术存在与技术价值就完全分离开来了。技术目的与技术手段之间的矛盾成了整个技术设计活动的核心，而人类最初的目的在技术的设计过程中地位下降。

从本质上看，技术是人创造出来的自然界原来没有的活动方式、改造过程和相互作用，它是"超自然的"，是"高于自然的"，是人通过自己的理性意识人为组织起来的活动方式、过程和结果。因此，技术在广泛意义上可以分为自然技术和社会技术。其中，自然技术即传统的狭义技术，其实就是人类为了满足社会需要而依靠自然规律和自然界的物质、能量和信息，来创制、控制、应用和改进人工自然系统并改造天然自然系统的手段、过程和结果。自然技术的根本目的是追求效用的最大化，主要用以满足人的物质性需要，这也是技术设计的主要对象。然而社会活动中也存在着以处理人与人之间的关系、人与社会之间的关系的社会技术活动。这是被技术设计所忽略的另外一个客体——社会技术。所谓社会技术，就是人类利用、变革、控制和改造社会及其主体的手段、过程和结果，它既包括社会的各种组织技术、管理技术、公关技术、指挥技术、军事技术、教育技术等，也包括语言技术、思维技术、宣传技术、演说技术、体育技术、文艺技术、绘画技术、审美技术等。社会技术的根本目标不仅是为了提高效率，而且还包括追求效益，实现效益的最大化和优化，追求公平、公正、平等和自由，其特点是超越了自我设计与社会选择的交互作用，升华到了自我规定与社会认同的共建、规章规约和道德自觉的互补，改造自然的工具关系让位于主体之间的人际交往关系。因此，在技术设计的范畴讨论中着眼于自然技术的设计问题展开的设计实践，在逻辑理论上是不彻底的，在设计方法上割裂了设计的工程主义传统与人文主义传统。这只是在具体技术的设计过程中更多地展现工程师或技术专家的思维，习惯按照技术自身的工具理性逻辑表达自身目的,关注技术的科学性和中立性,忽略对新技术的意义的探寻,以及技术与技术事务如艺术、文学、伦理学、政治学和宗教等社会因素的关系。

对于技术设计的对象认识不全面的另外一个表现是,对技术设计问题对象的认识不全面。技术设计问题的辨识是展开与描述设计的一个中心概念。事实上,技术设计中的设计经常以推理过程的形式进行,是"一个理性问题的解决"的过程,它始于一个设计问题,在设计问题中根据技术产品的功能对使用者的需求进行描述,之后假借称为制造物的形状、物质性以及生产和市场做规划,转向结构的描述。在现代技术范式的技术设计理念与方法中,对于设计问题的辨识有很大的局限。在劳动分工越来越细化的背景下,现代技术产品的规模化生产使设计的实践也完成了劳动分工。各个阶段的设计者面对的只是一个局部的设计问题,而忽视了一个作为抽象概念的整体设计问题,所以设计者只能面对局部设计行动和决策中的含糊不清和主观性。从这一角度看,设计问题只是一个不同问题组成的混合体,一部分来自设计者设计过程中的发现,是设计者创造出来的,整个设计过程中不存在一个客观的设计问题。另外,在设计者的工作过程中面临的选择内容,将设计问题进行类型学归类,而不是与情境结合,因此设计的选择可能是符合逻辑的、常规的、暗示的,但都不是设计者的真正选择。

(三)设计参与过程的缺陷:设计参与的不全面

对技术本体进行全面正确的认知是我们对技术的社会影响、自然影响和对人类影响评判的前提和基础。经典技术哲学以形而上的技术研究为重点,对技术本身的描述与考察颇有欠缺,在经典技术哲学研究结论指导下的现实技术发展对于使用者而言,对其合理性和有效用的判断依据被关在技术"黑箱"里。例如,以海德格尔等为代表的经典技术哲学流派主要关注技术作为已成事物,在社会应用过程中产生的影响,如异化了人的自由本质、带来了不可控的自然破坏力等。也就是说,他们主要从技术"之上"和"之外"研究技术,从抽象的形而上的层面反思和批判技术以及技术与社会、人类和自然的关系。对于这些问题的解决,主要是从语言层面上对技术进行"解构",因为缺少对于技术前期如何形成的相关设计问题的关注,单纯地从技术的外部探索技术这个整体,而没有剖析技术内部的真正状态,所以必然忽视从经济、政治、伦理、文化等角度的批判与解决。

技术被当成已经完成的状态出现在研究者的视野中,导致技术设计的参与无法进入技术成为已成事物之前的阶段。因此,技术就理所当然地被当作是合理的东西呈现,然而事实并非如此。事实上,技术兼具内在价值与外在价值,内在自主性、相对独立的逻辑和社会各种因素的同时作用,参与技术发生与技术应用的全过程,在技术的开发设计阶段就已经渗透了社会价值,而在技术产品的社会应用中,还有技术相对独立与自主的逻辑发挥作用。

人原本应该在技术的自然价值和社会价值形成的两个阶段发挥作用,才能更好地保证技术与人的设想尽可能地一致。之所以在现实的发展中,人类更多地被认为应该对技术的应用阶段负责任,主要是因为对技术发生与发展的速度以及技术的可控性存在理解误区。人对于设计参与过程的缺失,可以从技术发展的具体过程中进行更加形象的分析。在古代社会,社会生产力与技术相对落后,更新发展速度相对较慢,以斧子、刀具等简单的手工工具为主,这种技术工具因其基础性而被广泛地应用于各个领域,服务各种使用目的。大多数人类对于这一时代的技术产品的生产过程与应用效果有着清晰的了解和把控能力,人对技术的发生与应用具有完全性的权利,技术的自主性几乎没有发挥作用的空间。所以,在这一技术体系中,特别强调工匠的经验技能,能工巧匠的经验技能即人的因素在这一技术系统中占据主导地位。① 在这一时代,将技术单纯地看作是一种工具、手段,具有中立性的观点是合情合理的。随着时间的推移,人们可用的技术手段不断丰富,尤其是随着独立于人类的机器面世,在新型的技术—人的关系中,机器被设计得逐渐可以独立于人完成生产工作,而人,尤其是工人只能服务机器,甚至被机器所取代。而掌握资本的资本家,受经济价值的驱使,也受控于机器。到了 20 世纪,技术信息的流动推动技术自主性的加强,而人的设计参与变成更加可有可无的因素。专业化的每一个领域都既扮演着信息传播者的角色也扮演着信息接收者的角色。当某个发明或创新崭露头角的时候,它总是会通过各种方式被传播出来,而一旦其他专业领域接收到了这类信息,则很有可能在本不需要产生发明的地方被激发出来。最终技术间接发挥的促进作用比直接促进作用更有力地推动了技术的增长。像这样的发展在一个日益庞大的全球技术系统中共同形成了一种强内部动力,在这个不断庞大的全球技术系统中,各种专业化领域之间的联系靠的是与数以万计的创新相关的信息流动。由于无数创新彼此之间无休止地结合、互动,技术发展过程变成了极端的非线性,而且根本无法预测。在这样的情形下,内部关系对技术的演化与外部关系同样具有决定性,甚至还可能超过外部关系的决定性。一方面,技术发展具有了强内部机制;另一方面,社会又通过文化赋予了技术极高的价值,这二者的出场使技术相对于其社会情境来说,呈现出系统的特征。此时,技术发展与社会需要之间的关系更多的是若即若离,而且社会还需要做出大量的调整以适应技术的发展。

综合而言,对技术的产生的内部逻辑重视程度不够,以及在技术充分发达的现如今,技术自主性发展能力越来越强大,人们想要将符合生态价值和人本原则的设计理念与方法渗透到技术的发生发展过程中,要从认识和方法上入手。

① 陈凡、张明国:《解析技术》,福建人民出版社 2002 年版,第 23-24 页。

三、现代技术范式中技术异化的表现

在技术设计与现代技术范式的循环互动过程中,局限性一直存在且没有得到一种外在力量的修正,由此导致技术的异化现象日益严重,而人类在技术的异化秩序中也发生了异化。

(一)技术受控于经济价值的驱使

生物的优胜劣汰和人类的出现与发展是自然选择的结果。自人猿相揖别后,人类作为自然选择的生物链最顶端的产物,开始以技术代替自然对自己生存、生活与生产进行技术选择。人类选择的依据和标准并非一成不变,而是处于一个动态变化的过程中。从与动物分离开时没有继承生存资料,到学会打猎、御寒、防御等基本生存技能,这个时候人们技术实践中的设计更多的只是表现为选择,选择用长的木棒去打、戳,选择用更尖锐的石器砍、砸。但是随着人类生存资料的逐渐丰富、人类数量的逐渐增多,人类对木棒和石块或者逐渐丰富的工具的运用已经不局限于单纯的采集,而是开始把自己作为自然界的对立面,向自然界索取资源。社会也逐渐与技术的自然属性联系在一起,整个社会形成以技术为基础的联系,在这个联系中,技术选择与自然生态和文化等社会因素割裂,随着社会的劳动分工、资本和市场等以效率为单一评价标准的因素发生发展,整个社会和生活从以文化为基础的联系走向了以技术为基础的联系。

在劳动技术分工出现以前,以技术为基础的联系通常与当时生活中的社会组织结构相对应。因为与某一种活动相关的物质和能量的投入与产出并不是直接源于局部生态系统,也不是直接返回到局部生态系统,所以它们只是象征了各个活动之间的相互联系、从事活动的人与人之间的相互联系以及各个技术和社会之间的相互联系。此时以技术为基础的社会联系成为以文化为基础的社会联系中不可或缺的一部分，并且受到以文化为基础的社会联系的支配。而当劳动分工出现以后，那种以技术为基础的联系与以文化为基础的联系渐行渐远，主要表现在各个生产活动被细化为一系列的生产步骤，这些步骤由不同的人来操作，传统的社会角色以及相应的人、家庭和社区之间的各种关系分崩离析，导致工人之间彼此相互疏离，群体结构也消失了，这样又为生产腾出大量时间，将社会中的技术联系分离出来，成为一个独立的社会——技术实体。劳动分工后，当期望产出以更高的效率、更高的劳动生产率和更高的利润率从必需的投入中源源不断地生产出来的时候，以技术为基础的联系得到强化。一遍又一遍不断重复同样琐碎的操作削弱了人类的创造力、技能、解决问题的能力以及许许多多与生存有关的东西，这其实是将人类大部分的人性与工作分开了，人类天然对自然的亲近感也逐渐消失，人类变得逐渐麻木。可以说，劳动分工在以技术为基础的联系着的工作环境与人们以文化为基础联系着的社会生活之间制造出一道越来越大的鸿沟，改变了生活方式对于生物圈和社会圈的依存。

此外，资本成为技术生产的主要要素。由于资本的难以获得，资本量的日益增长成为工业化的必须。此时以技术为基础的经济形成了一个商品、劳动力、技术和资本的流动网络，而所有这些本质上又都受资本的支配。一个社会从文化充当其组织原则转变成由资本与市场充当其组织原则的过程产生了很大的外部性，一切事物的货币价值成为它唯一真实的意义和价值。货币变成了所有价值的共同特征，货币也改变了传统价值观中某物在个体和集体人类生活中的地位和重要性，仅仅表达了某物在市场中的地位和重要性。技术和技术服务不再是为生活服务的手段，它们的重要性仅仅局限于它们在这个新系统中所具有的货币价值，货币不再是实现人类目的的一个便利工具，而是本身变成了终极目的。此时的技术已经变得高度去情境化了，技术联系与社会和生物圈分道扬镳。从本质上说，人类活动的经济规则会限制这些活动的技术联系需要考虑的情境因素。

可以看出，经济因素为技术提供了主要的联系结构，而几乎所有的其他机构都直接或间接地依赖于这个联系结构，其结果便是，这样一个技术联系基本的内在结构只能由投入—产出模型中通过货币形式体现经济交换来近似地表达。此时，当经济和社会相遇时，以技术为基础的联系似乎开始支配以文化为基础的联系。慢慢地，一种技术的经济进路就开始取代了之前那种技术的文化进路。人类改变技术以实现经济的快速增长，关心的是什么是能够快速被商品化的，技术推动经济进步，经济进步是为人类带来幸福的唯一源泉，这一线性逻辑关系也暗示着社会理应首先寻求通过技术进步来推进它们的经济发展，而且其他的一切都必须为其开路。市场支配着技术联系，也把一切推进经济增长的技术以外的所有他者都变成了市场外部性。当这些发展态势扩散开来的时候，技术就变成了一项组织原则，用来对个体和集体人类生活中的每一个活动以及生物圈中的各种关系进行组织再组织。凡是被技术外部化了的，都会在人类生活、社会和生物圈中引发一系列的冲突。

另外，如果将技术发展所需要的工作制度与经济体制从人类生活的社会环境中抽取出来，那么这意味着以技术为基础的联系在与以文化为基础的联系的博弈中取得了决定性的胜利。随着工业化和技术的发展，与工业化社会中以技术为基础的联系密切相关的物质和能量需求日益增加，需要人类花费更多的努力，需要更多的人类智慧，还需要一种道德上的合理性，而局部生态环境在供给这些需求方面却能力不足，传统的以文化为基础的社会联系也无法提供。面对来自自然与文化的阻力，人类并没有停下脚步并思考，重新探索更为合理的技术发展与社会应用的道路，而是选择与自然和文化的割裂，最终到了必须以资本、效率等因素支配技术的发生与发展，再从技术角度来强化自然和文化的地步。

（二）技术进入自主强化的秩序

传统技术表现的方式与当代技术十分不同。传统技术不会轻而易举地在文化边界之外传播，但一旦它们开始在不同文化之间扩散开来，要么是技术本身必须做重大调整，要么是文化必须做重大调整，否则就没法实现技术的传播。那时的技术总是与文化深深交融在一起，二者几乎是无法分离的。但是在全球化、现代化和国际经济秩序等大背景下，文化看似日益多样化，但是背后的文化大类却日益趋同。世界以经济发达程度分为欠发达社会、发展中社会和发达社会，这暗示着不同的社会在共享着一种共同的、单一的旅程，它们之间唯一的区别仅在于这条行进的路上它们究竟取得了多大的进步。技术的发生发展与经验和文化的分离最终促成了传统技术向现代普遍技术的过渡。

技术嵌入社会结构的方式发生了变化，社会上出现了大规模生产、大众消费、大众传媒，这一切事物都愈加依赖于一种普遍的科学和技术，就连一切属文化的东西也必须去调整自己以适应它们。这一普及化的趋势，让技术也不再像曾经那样按照社会—文化的主张来演化，而是按照自身的主张演化。而允许技术进入自主化秩序且无动于衷的人们，将视线聚焦在物质、经济等单一的衡量标准上，对于这一趋势并未警觉到其危险性。事实证明，技术的发展在增加物质财富、提高经济发展速度方面表现还是良好的，因此人们像温水里煮的青蛙一样对技术也失去了关注的兴趣，而任由经济需求支配下的技术自由发展，鼓励技术脱离人类的控制而进入技术自主发展的秩序中去，在人类生活和社会之中逐渐开始以一个相对独立系统的身份来发挥作用。技术之所以会发展是因为它不断给人类生活、社会和生物圈带来各种问题，然后又不断解决这些问题，由此将人困在了一个技术迷宫里，技术的秩序已经以很快的速度形成与稳固了。对于技术秩序的形成过程,我们可以从不同的分析角度来进行动态的、过程性研究。

首先,对物质的关注,让人们对技术的经济影响之外的任何因素都麻木了。劳动分工、资本、市场等因素在以技术为基础的联系和以文化为基础的联系之间划开的裂痕,随着经济、社会、政治和法律方面做出的各种调整,而变得越来越深。在工业化如火如荼开展的过程中,假如一个观点认为只有"当新技术可以造福整个社会的时候,我们才能采用它",那么这种观点势必会遭到反驳,因为这种立场妨碍了实现进步和幸福的脚步。工业社会中的新兴文化取向促使全社会对新技术所能拥有的潜能持有一种过分乐观的判断,而事实上新技术的那些所谓潜能中除了经济潜能很少能真正实现。物质被描述成具有驱逐寂寞等一切不好因素的魔幻力量,可是全社会蔓延的那种乐观情绪还是足以令这些贯彻到底,同时沉浸在新技术带来的经济和生活的便利之中的人们,几乎不去真正关注一下这些新技术给人类生活、给社会或是生物圈带来了什么样的实际影响,这种意识甚至到今天还存在着。每年,那个世界中都会充斥越来越多的机器;每年,这些机器的运转速度会越来越快,外形越来越庞大;每年,有越来越多的工厂启用这些机器;每年,出产商品的总产量也越来越多。一切都受到这些进展直接或间接的影响,从人们的生计到社会和自然环境,无一例外。在人类的经验所及的范围内,没有任何东西能够让这些进展速度慢下来,就更不要说停下来或者是逆转回去了。人们便只管关注经济发展的速度和社会物质财富的积累,至于技术的发展对社会、文化、非物质因素、生态圈等方面的影响时好时坏都不是人们所关注的。

其次,技术发生、发展与经验和社会文化的分离进一步延伸了技术联系,进一步改变了技术的结构以及技术结构嵌入社会结构的方式。技术诀窍(know-how)裂解成了两种相互影响的活动,即设计和分析,这两种活动逻辑清晰而且各有各的实践者群体、组织和制度。此时的设计实例也好,分析示例也好,都可以用抽象的术语来表达,因此就能将它们从原始的情境中剥离出来并应用到其他地方,这样一来,技术系统中相对于外部联系而言,内部联系得到了强化。众多大大小小的各种技术进步的不同排列组合,使技术获得其本身的一种内在发展机制。每一个发明问世,每一次创新的突破,甚至每一次理论上的进步,都会催发其他方面的改进。能够让全球技术在其母体社会呈现出一种系统式的行为,还必须涉及文化中的一次变革。此时的社会越来越沉湎于对效率的追逐,不论是什么,只要它有了技术上的可能性,就有了很高的价值,所以也就应该尽快地被社会采纳。这一点可以确保传统价值观给技术发展的内部机制造成的限制越来越少,同时操作比值在社会价值观中的地位飙升也为此做了准备。技术通过由里及表的方式把玩着这个世界。这就是为什么 20 世纪后半叶,虽然见证了任何社会一遍又一遍地调整自己的价值观和期望,但却始终没能避开挡在中间的那个问题。

最后,人类的生活、社会和生物圈中的各个元素在技术上重新组织之后形成了一张全球网络,而这个全球网络就是新的技术秩序。技术进路把各种元素从自然秩序和文化秩序中提取出来,对它们加以改造,之后再将它们重新安插到技术秩序之中。现在这些元素已经可以与这个技术秩序实现完美无瑕的匹配了。此时,一切事物根据它们在这个技术秩序之中身处的地位和重要性而具有意义与价值。语言以及形形色色的各种文化成了功能、结构和系统,外部世界成了某种人类构造物或者技术构造物。技术的自主秩序把某物变得更好的做法从文化领域搬到了被技术日益侵占的所有领域。此时,诸位技术专家不再根据某物在人类生活中的地位和重要性进行形象化安排,这使人们参与活动的方式也发生了根本的变革。过去人们参与活动的方式呈现出一种自我调整的品格,现在这种品格被破坏了,却辅以外部管理。每一个人现在都无法完全地体验相关的所有经验。过去在这些活动中,知、做和管理都是由一个人来完成的,这就使人需要全身心地投入进去,可是当这些活动进入技术知和做与经验、文化等特定情境相分离的境遇中时,就不会再有这种全身心投入了。如果一个人是认

知者,那对于一项活动的知和管理来说,他就是一个旁观者;如果一个
人是活动者,那么相对于知和管理来说,他也是个旁观者;如果一个人
是管理者,那么相对于知和做来说,他还是个旁观者。无论是认知者、
活动者还是管理者,现在相对于他们构建的这个技术秩序来说,都不
太像是主体人。

(三)人—设计—技术的逆动

人们在用技术的进步来解决面临的一系列问题时,所设想的是技
术将永远听命于人类的意志,而完全没有意识到有一天自己将陷入亲
手建造的技术迷宫里。事实证明,未来并不是通过对当下进行线性推
断就能够实现的。这些神话没有考虑到技术与人的关系是相互的。
社会日益迁就于技术发明,虽然这有点反直觉,但是人们却真的开始
为他们曾经自己创造的技术产品服务了,这些人工物最初的设计是为
了给人类服务,然而这一发展竟然颠倒了人与技术的关系。如果在这
一过程中,社会对技术的影响比新创造出来的技术给社会带来的影响
更为深远、更有意义,那么同样的工具有可能就会实现不同的目的;但
如果后一种互动比前一种互动的影响更大、更深远,社会就会出现手
段支配目的的趋势,那么借助当代科学和技术来实现自身目的的社会
就会出现某种趋同。遗憾的是,我们正陷入这样的困局当中。

随着人对技术的改变,人本身作为社会的成员也被改变了。如同
企业家们对技术和社会的改变,逆动过程也随之发生一样,通过技术
分工、机械化以及工业化所实现的人改变技术,使人类生活和社会以
技术为基础的联系与以文化为基础的联系渐行渐远。工业化进一步
发展与壮大,技术的地位与意义几乎与经济等同,技术进入自主秩序
中。从技术的发展秩序来看,随着人改变技术,接踵而至的就是技术
改变人。当技术及其产品的密集度足以构建一个世界的时候,就导致
了"技术改变人",人逐渐成了诸如"组织人""技术人"之类的人。一直

以来,人类的生活、社会和生物圈都是由各式各样的关系组成的,但是现在这些关系架构变得支离破碎,尽管从技术的角度安排万事万物可以让人类在各个效率的领域实现最雄伟的愿望、最美好的理想,但是这样做的同时却也逼着人类去到那个已经破败不堪的关系架构中生存。对于某些群体来说,人改变技术意味着通过一种全新的生活方式来追求新的繁荣,而对于另一群体来说,这意味着某种生活方式的丧失以及极度的贫困,被强行带入一种新的生活方式中。他们在改造自己那个社会的生活方式和文化中充当了不自愿的参与者。

具体而言,人类在技术的反设计中主要改变的是生活方式和文化联系。现代人们的生活是建构在一些与传统完全不同的经验基础上,当这些新的经验内化于人们的思维时,人们用以对经验进行解释的那种文化、用以构筑彼此之间关系以及构筑人与世界关系的那种文化,其实也受到了影响。随着时间的变迁,开始给人们的生活提供新的意义、新的目的和新的方向。技术之中发生的各种根本变化也推动着经济体系、社会结构、政治制度、法律框架、道德、宗教、艺术以及文学进行相应的改变。技术对人类生活和文化的改变发生的前提基础就是技术高密度交织在人们生活周围,一个日益增强的技术联系与人类的生活方方面面形成碰撞、交叉与融合,甚至到了没有技术的参与,人类寸步难行的境地。以技术为基础的联系将技术所有的物质组成都连接到一起,同时却与以文化为基础的社会分离开来。整个社会如若不想分崩离析,以文化为基础的联系就必须去迁就以技术为基础的联系,以此作为回应。个体的自由和选择不可避免地受到来自技术系统的各种必然性的局限,因为如果大系统限制了某一事物的社会角色,那么是好是坏,向左偏移些还是向右偏移些,事实上是没有任何意义的,此时在这一技术体系内宣称自由(诸如人类的价值观和期望的创造力)显得苍白无力。一个又一个的科学浪潮和技术浪潮接踵而至,不是让一切都服从这个新的技术秩序,就是变着法地让一切逃脱自然秩序和社会秩序。

　　实际上,在人—设计—技术这一组关系范畴中,技术对人的改变远比人对技术的改变多,所以人类是在用技术的形象塑造自身,现在已经不是完善计算机、机器人等技术产品,让它们更像人类的问题了,而是人类变得越来越像机器人和计算机了。人类上千年来一直以胜利者姿态从事的那些活动现在却给人一种根本上的不安全感。现在已经被技术的迷幻催眠了的人类,任由技术肆虐,而且还坚信那些料想不到的后果不过是预期结果的一个小小的代价罢了。不管是在哪个地方,只要是任何社会开始动用技术方法干预彼此之间以及同世界之间的各种关系,比如建立一些关系、割断另一些关系,那么等到这些做法足以迫使世界本身、人本身都不得不发生改变的时候,一个自我强化的循环就产生了:人越改变技术,技术越改变人。人被自身那个时代的技术精神所操控,立足意义和价值的人类选择是缺席的。

　　技术对人的反设计,使人类不再依靠自身的价值观做选择,而是依靠着一种技术选择的无意识状态进行选择;使人类从对经验和文化的依赖转为对信息和技术合理性的依赖;使各种活动现在不再是在直接情境中演绎,过去文化为着生活会有自己的设计,每一种活动之中都包含着文化的苦心设计,可是现在再也找不到这个设计的痕迹了,相反每一项活动都是在技术情境中进行演绎了。如果站在这个视角来看的话,我们正慢慢变成一个无意识的文明。随着很多其他关系渐渐地被排挤,人类生活和社会终将爆发一场质变,就好像技术围绕着人类生活形成了一个蚕茧。结果,人类生活本身也唯有以这个蚕茧作为参照才可以向前进步。即使是技术的发展还有需要人类参与的地方,人类也已经受困于技术这个蚕茧。技术成为首要的生活背景,只有先通过技术才能遭遇位于第二位的社会生活背景,而自然生活背景已经被边缘化到第三位了。对于一个依托技术构筑起自身生活方式的社会来说,其中生活的民众最美好的愿望不过是成为一名专家级的认知者,在至少一个领域之内掌握控制权,不过他始终是所有其他领域中技术进路的接收方。倘若这些不仅受经济、效率、资本的引导,同时在设计、建构和运作的过程中也加入了人类价值观的因素,那这种协调作用将会是多么的不同。

第四章　设计技术:现代技术范式绿色转向的途径

设计是贯穿技术发生、发展、应用全过程的构件,技术的异化实质是背后设计的异化,不仅包括设计主体——人——的异化,还包括设计理念、设计方法等的异化。为此,在前文分析技术设计、现代技术范式在理论认知、设计方法等方面局限性的基础上,本章创新性地提出"设计技术"的概念,以服务于解决现代技术范式失范、技术异化等问题的需求。从对技术发生、发展的认知,对设计主体、客体内容和位置的矫正,完善理论基础等方面入手,概括设计技术的内容、方法和优越性,并提出建构设计技术的现实路径。

一、建构设计技术的前提

对技术内部结构方面的研究缺失,对技术发生、发展的逻辑和动力认识不清,对技术设计的主体和客体内容认识不全面等,诸如此类的问题导致技术设计在方法、理念等方面出现了问题,进而导致出现技术异化的问题。设计技术对技术设计的合理超越,首先要在这些方面进行矫正,这是建构设计技术方法体系的前提。

(一)打开技术的内部结构

前文中叙述了国内外从古至今对技术的定义和对技术本质的认

识,都仍被质疑不够全面,本书的重点不在于给予一个周全而避免任何争议的定义,技术包含的范围和内容以及技术从一个未成事实到发展成技术本身之间的内部结构和逻辑才是本书研究需要明确的。

1. 技术起源的内部结构——组合与递归

组合的观念在其他领域已经被讨论了百余年。奥地利经济学家熊彼特不仅直接关注组合和技术,还关注经济中的组合。他说:"生产意味着在我们的能力范围内组合材料和动力……生产别的东西,用不同的方法生产同样的东西意味着以不同的方式组合材料和动力。"①经济中的变化产生于"生产方式的新组合"。熊彼特之所以这么认为,是因为他一直追问一个看似简单的问题:经济是如何发展的?外部因素当然可以改变经济,但熊彼特追问的是:经济是否在没有外界因素的情况下,完全从内部变革它自身?他认识到,有一股能量的源泉发端于经济内部,这种能量来源于一种组合。熊彼特的著作直到 1934 年才被翻译成英文,而那时已经有其他一些学者在早些时候得出了相同的结论:组合驱动创新——或者至少驱动技术创新。组合促进发展的观点为技术新颖性的诞生提供了一个思路。

对技术发生与进化的了解,若从外部审视,即将技术视为黑箱,那么技术就会被黑箱藏起来,其内部无法显示,我们不可能了解技术发生与进化的具体机制。当我们打开一架喷气飞机,会发现里面的零部件,包括压缩机、涡轮增压机、点火系统等。如果打开早于喷气飞机被发明的其他产品,我们会发现同样的组件。可以说,技术在某种程度上一定来自此前已有的技术的新的组合。当然这不是推动技术发生、发展的唯一动力机制,还存在超出组合之外的一些东西在继续创造新的技术,这便是对自然现象的不断捕捉和征服,形成新技术发展的新的组合构件。技术是以前技术的组合,当构成技术的组合构件回到最

---

① 熊彼特:《经济发展理论》,何畏,易家详,等译,商务印书馆 1990 年版,第 73 页。

初,再也找不到已有的构件时,我们称之为单一零件,其来自对自然现象的捕捉。也就是说在技术时代发端之初,我们只能直接地识别并利用自然现象:火的灼热、片状黑曜石的尖利、运动中的石头的冲力……我们所有构成技术组合的单一零件都来自对这些现象的掌握以及对它们的组合。此外,以现有时间节点为基础往后看,之前的技术形式被作为现在原创技术的组分,当代的新技术成为建构更新技术的可能的组分。反过来,其中的部分技术将继续变成那些尚未实现的新技术的可能构件。起初很简单的技术发展出越来越多的技术形式,而很复杂的技术往往用很简单的技术作为其组分。所有技术的集合自力更生地从无到有,从简单到复杂地成长起来了。可以说,技术的本质特点之一便表现为组合进化。

继续深入探讨技术的结构就会发现,当我们追问构成技术的组合构件来自什么的时候,技术的结构就展现出横向与纵向结合的构架了。一项技术包括一个主要组合体及一个装置或者方法的脊柱,用这个组合体来执行基本的原理。这个脊柱又是由另外一些组合体来支持的,这些组合体用来支持主要组合体的运转,调节它的功能,提供动力等。因此,技术的基本结构包含一个用来执行基本功能的主要集成和一套支持这一集成的次级集成。这就是技术内部结构的递归性。根据我们的组合原理,技术包含如下组成部分:集成体、系统、单一零件(不可再分的部分),从而技术被分解成主集成、次级集成、次次级集成等,直至分解为最基本的部分。以这种方式形成的等级呈树形结构,技术越复杂,层级就越多。技术中的每一个集成或次级集成都有一个要执行的任务,否则这一集成或次级集成将没有存在的必要,因此每个部分都是一个目的的手段。这就是技术的递归性结构,技术包含着技术,直到最基础的水平。

在真实的世界中,技术是高度可重构的,它们是流动的东西,永远不会静止,永远不会完结,永远不会完美。所有的技术可以作为组件为其他新的技术做好准备,每个技术都至少是潜在地准备好成为高一层级技术的零部件。我们逐渐意识到，组合可能是弄清楚发明和技术进化的现实机制的关键所在。技术的内部结构性以及结构的递归性，不仅在技术的形成过程中有所展现，在技术的发展过程中仍是我们研究的主要内容。

2.技术的创新发展——内部替换与结构深化

通常来讲，诞生初期的技术只能以手边可用的组件作为基础，一项新技术的最初版本都是粗糙的。在新技术发展初期，只要它能发挥基本效用就足够了，此时，它可能只是由现有构件或者其他技术中的零部件粗略地拼凑而成。但是随着各种因素的更新，技术原有的组合已经不能满足外界需求，因此，技术将主动或被动地作适当调整，并适当地扩展应用范围以尽量有效地服务不同的目的。这一过程的实现主要有赖于两种机制：内部替换和结构深化。简单来说，内部替换是指用更好的部件更换某一种形成阻碍的部件。结构深化是指寻找更好的部件、材料，或者加入新的组件。一项技术就这样开始走上一段发展和进化的旅程。实际上，这段旅程可能早就开始了。在将基本概念转译成物理形成的过程中，人们就已经在实验不同的零部件了，并一直致力于寻求改善，因此在技术的创始与发展之间，并没有一个清晰的界限。技术的内部替换与结构深化是作用于技术整个生命周期的。

具体来说，当一项技术涉及生活、商业或军事的议题，它的功能性就将可能受到"促逼"：它被逼迫着给予更多功能。为了赢得竞争，技术的利益相关主体会寻找更好的组件、更优化的结构，不断进行组件间的调整和平衡。这些是依靠改善可以解决技术一些需求时的方式方法。但是一旦系统中的某些部件遇到了限制（技术发展的过程中，总会遇到限制出现的那一刻），比如光刻法最终会受限于光的波长，那么技术就可能无法再继续向前了，一项技术在遭遇局限性后只能就此停步。通常，开发人员可以通过更换形成阻碍的零部件（一个次生技术)以克服局限,诸如采用更好的设计或更深思熟虑的解决方案,运用不同的材料,或者天才地盗用竞争对手的思路等。此外,一项技术的发展不仅需要内部的、直接作用于技术功能构件的改变与替换,还需要技术的"外部"改善,这是因为许多技术组件都来自其他技术,因而技术的发展依托于其构成组件所需的外部发展。内部替换部分地解释了技术为什么会随着发展而变得越加复杂。促进技术在发展的路上走向更完善与更复杂的另一个动力机制来自结构的深化。技术的开发人员可以围绕着技术障碍去寻找更好的部件或更好的材料。他们也可以通过加入新的零部件或添加进一步的零件系统去消除障碍。这种解决障碍的方法不是调换旧零件,旧零件实际上已经被保留下来了,在极限圈定的范围内,会有其他零件或集成件被添加进来,以辅助已有的旧零件完成工作。为了突破局限或障碍而不断加入次级系统,技术因此发展得越来越精致,技术结构就是这样不断被加深或者不断被设计得更为复杂的。技术从而变成了重重叠叠的复杂体。

当技术内部替换和结构深化发生时,结构的递归性又显示出来了,即这个替换过程也应该是递归性的。首先,技术的改进发展过程中伴随着构成次级组件以及次次级组件的零部件的置换过程,也就是说,我们需要将作为客观对象的技术的发展视为一个在所有层级上的所有组件都同时发生改进的过程。其次,设计者将这些机制加入次级系统,新加入的集成模块或子系统反过来会被促逼着趋近它们自己的操作极限。设计者将进一步加入次次级系统以助力打破这些极限。这个过程持续进行着,集成模块围绕提高主模块的工作性能工作,其他次级模块又围绕着集成模块工作,还有其他模块围绕着这些次级模块工作。技术的性能在系统的所有层级上被提高,技术结构的所有级别都将有所进展和提高。技术的内部替换与结构深化驱动技术逐渐复杂化,这里的复杂化并不代表该项技术成就在产品操作上的复杂化,而是技术自身的结构和功能更加高级化。

(二)归正设计技术的主体与客体

人与技术原本是作为技术设计的主体与客体出场的,然而在技术的实际发生与发展过程中,人与技术的主体、客体关系似乎产生了错位。现代技术已将人类机械化、非人类化了。技术正在左右人的个性及人的心理、内在的变化,并改变人的意识。技术设计主体和客体的错位是导致技术异化的重要原因,因此,设计技术是在归正设计的主体和客体的前提下完成的。

1.设计技术的主体——民主的设计共同体

从技术的发生到技术产品的应用全过程看,设计技术不是一个纯粹理性的计算过程,而是一个联网、建构、磋商和冲突的过程。技术实际上是多方权利冲突的产物,是一个创造性建构的过程。在技术依然是人类主要生存方式的背景下,技术的发展走向与人类的认识与评价方式不可分割地交织在一起。人类作为从技术产生到应用转化的首要责任主体,能够进行风险的识别与道德的分析。除了作用于技术的设计过程的因素,还包括道德、宗教、艺术,制度、政策等因素,而这些因素背后的主体都是人,人理应作为技术设计的主体。人是技术设计主体的一个统称,但是在此基础上还必须深挖主体系统内的具体成分,与过去的技术设计主体相比,设计技术的主体应该包括所有利益相关者,比如设计者、设计方法论者、设计领域的监管组织,将眼界放宽,还必须包括客户(购买设计好的技术产品)、风险资本家(投资设计过程)、教师(教育未来的设计者)、环保主义者(密切关注设计方法和结果的可持续发展问题)以及一些其他人。设计技术的主体必须将更广泛的公众群体纳入,否则将因主体系统不健全而使设计技术再次陷入被技术掌控的逻辑陷阱。

技术设计是一个社会过程,参与设计技术全过程的任何一个设计主体都有各自的观点、职责,参与整个过程的每一个设计人员都有着不同的职责,不同设计主体虽然共享着一个设计目标,但在具体设计决策中又常见一些冲突性。因此,合理化的设计技术一定是一个协商的过程、反复的过程、纠正错误的过程,甚至是误解的过程,设计技术的全过程是一个充满了含糊性和不确定性的过程。当设计变量分解开,哪个变量权重大,哪个小,由谁来判定?这个时候需要多样化社会主体力量的介入。要确定各类变量的价值就需要负责不同任务的不同设计人员之间的协商。设计技术与技术设计的主体同样是人,然而对设计问题对策权重的选择却不尽相同,这主要是因为两种设计方式的设计主体的成员类型不同。相较于技术设计的主体,除了掌握专业知识的设计专家等专业相关群体的参与,设计技术还必须将与技术产品关系密切的多样化公众群体纳入设计选择过程。因为缺少公众参与的设计主体容易将设计推向专家决定论的情景中,专家群体虽然可以利用专业认知提高生产效率,带来更大的投入产出比,但是专家的设计也往往体现为单向度的标准。技术从产生到应用的转化具有经济属性,此时的设计参考指标重视的是经济收益,这种以经济价值为基准的单向度的目标,必然导致技术陷入操作比值的黑洞,让设计选择逐渐陷入工具理性中,而对技术实践价值观的多样性不予关注,忽视技术对人文、社会和环境的影响,对可能引发的风险不予考虑。正如过去技术的设计主权虽然掌握在人类手中,但基本设计决策权主要掌握在拥有资本话语权的人手中,这部分群体的意志已经被经济利益所绑架,无法做出正确的主体性选择。

对于技术从发生、发展到应用的全过程设计,并不是一种单纯的技术活动,更不是一种单纯的经济活动,而是一种需要考虑技术的社会影响、生态影响、文化影响等多重复合因素的综合集成活动。在技术的支撑和推动下,我们的社会已经进入具有一定智能化的时代,各种不确定因素接踵而至,单纯工具理性、专家理性、经济理性都不足以应对复杂的时代变化的有限理性。为设计技术活动的生态性、人本性和经济性提供全面有效的保障,就需要健全设计主体体系,通过公共设计协商,形成公共理性。可见,在确定技术设计的主体为人的前提下,如何在实际发展中依然保障人始终掌控技术的发展走向,加强公众参与的合理性是十分必要的。20世纪90年代以来,欧美国家的技术决策的重要内容已经囊括了公众参与模式,并且形成了一些比较成熟的操作与参与工具和途径,很多极具争议或将对人类生活产生重大影响的设计环节都付诸公众参与讨论,并直接影响设计环节的最终导向。

2.设计技术的客体——现象到需求的链条

我们对技术了解很多,同时又知之甚少。关于一个个具体的技术,我们知道的非常多,但是在总体上,我们对技术的了解又很少。然而关于它的实质——它存在的最深的本质,我们却知之甚少。我们对单个技术的历史以及它们是如何生成的都知道得很详细,但是没有关于技术是如何形成的完整理论,这里缺失的是某个一般性法则。这一缺陷主要是因为那些最认真思考技术的人大多数都是社会学家和哲学家,他们往往从技术的外部把技术当作独立的客体来看待。技术被"黑箱"藏起来,无法显示内部。如果我们希望知道知识技术是如何进入经济生活,以及是如何展开的,那么这种从外部看技术的方式足够了,但是如果我们希望解决技术发展带来的问题,那么这样做就不够了,我们想要知道技术是如何相互联系、如何起源以及如何进化的,我们需要打开它,去看看它内部的"解剖学"关系。设计技术不仅应该在主体方面进行全面开放,还要全面考虑设计客体方面。这里所言的设计技术的客体——技术,不是关于某一具体技术,也不是关于即将出炉的某个新技术,而是指包括自然技术和社会技术在内的,既从内部又从外部观察到的一般性的技术系统,也就是前文所建构的技术范式的二层结构的综合技术内容,即设计技术的客体的全部内容。技术要素、资源材料要素、经济要素、管理要素、制度要素、社会要素、政治要素、伦理要素、心理要素等不同要素,缺一不可。

为了尽可能地周全设计技术的客体包含的具体内容,需要从技术的本质论和认识论出发,建立一条从现象到需求的链条,将特定的需求与可开发的现象链衔接起来,或者说是将需求和一些现象链接起来,并能令人满意地满足那个需求的过程。一段链接来自社会的需求和目的,另外一段链接形成和支撑需求与目的实现的技术构件与基本现象,两个端点之间的链接是通过一整套完整的设计方案来实现的。从这一链条以及链条链接的两个端点来看,设计技术的思维逻辑主要有两种:一种是肇始于想要达到的目的和需求,实行任务式的设计。资源材料要素、经济要素、管理要素、制度要素、社会要素、政治要素、伦理要素、心理要素等,都是来自社会、人类、自然提出的设计需求。另一种则是从技术的认识论出发,根据对自然的认知与进一步探索,再借助最新的现象与技术构件的更新,对技术构件与现象进行新的组合。对物质客体进行有效改造,主动贡献能够满足人类、社会、自然可持续发展需要的物质形式的知识。总之,对技术设计客体的设计,既要遵循客观科学知识,又要从社会角度来考察。

(三)技术的自主论与技术社会建构论走向融合

技术自主论与技术社会建构论都承认技术发展过程中存在某种力量决定着技术的发展方向,这种力量或是来自内部,或者是来自外部。温和的技术自主论与温和的技术社会建构论的支持者都不完全否定技术的内在逻辑与社会因素对技术的形成发挥作用。实际上,在技术发生与发展过程中,贯穿始终的力量是一种来自内部和外部的合力。技术自主论与技术社会建构论分别揭示了技术与社会关系的不同方面,是相互补充、相辅相成的辩证关系,是建构设计技术需要承认的一个重要前提。

1.两种理论耦合的前提

技术与社会的关系问题纵横交错,头绪繁多,但技术与社会关系的诸多问题可归结为两个向度：其一，技术对社会的影响。在不同的场合、语境下，这一向度可能会使用不同的语汇来表述——技术对社会的价值、作用、功能、推动、副作用等，均属表达"技术对社会的影响"这一向度。其二，社会对技术的影响。这一向度也会使用不同的语汇来表述，而且语汇比前一向度更多更丰富——社会对技术的产生、形成、塑造、支持、推动、管理、控制、制约、干预、延缓、阻碍等，均属表达"社会对技术的影响"这一向度。实际上，技术自主论与技术社会建构论并非对立关系，而是互补关系。在哲学的认识论上，"自主论承认事物和过程的因果联系的普遍性及事物发展的规律性、必然性；非自主论则否认承认事物和运动的客观因果制约性、规律性和必然性"[①]。也就是说，自主论与非自主论是对立的，因此"技术自主论"与"非技术自主论"（或"技术非自主论"），"社会建构论"与"非社会建构论"（或"社会非建构论"）才是对立的。在技术与社会两方面的客观现实关系上，关于技术对社会影响的"技术自主论"，与关于社会对技术影响的"社会建构论"形成对立论题的理由是不存在的。可以说，技术自主论与社会建构论并不是非此即彼的关系，而是不同却相关的关系。社会与技术相互关系的两个方面就像一枚硬币的两个面，每一种理论都只能主要解释、反映其中一个方面。任何一种理论只强调自己理论的"正确、深刻"自然是片面的。片面强调导致的结果只能是设计对技术发展过程参与缺失，进而出现技术的异化问题。

2. 两种理论耦合的必要性

技术自主论与技术社会建构论的分立状态对于全面理解与研究技术的发生与发展、技术与设计的关系以及解决技术异化问题都造成了一定的困扰与混沌。只有将两种理论分别秉持的针对技术发生、发展等方面的认知有机结合，才能更为全面、科学地解释技术与人、社

---

① 于光远：《自然辩证法百科全书》，中国大百科全书出版社 1995 年版，第 260 页。

会、自然等之间的相互关系,才能周全设计在技术发展过程中的全周期、全要素参与。耦合是技术自主论与社会建构论的可能关系。耦合关系的核心要点是,"自主"与"建构"不是彼此分离的,而是相互统一的。耦合的原则包括客观分析、平等对待、综合运用两种理论,消解彼此的误读。"耦合"概念源自物理学,指两个或两个以上的体系或运动形式间通过相互作用而彼此影响以至联合起来的现象。从哲学的角度来理解耦合,可以说是在两个或多个不同事物、系统、现象之间,探究、发现、建立其间所存在的相关关系、所发生的相互作用以及作用的过程与结果。技术自主论与技术社会建构论能够发生耦合效应的可能性主要是技术本身的自然属性与社会属性以及自然技术和社会技术的多样化存在。技术的自然属性与社会属性存在于技术本身而不可分割,自然技术与社会技术又无时无刻不在相互作用和相互影响。因此,技术自主论与技术社会建构论对于分析技术自身的发生与发展问题也不能分割,自主与建构同时存在于技术的自然属性、社会属性与自然技术、社会技术的相互作用关系中。二者之间的耦合是研究自然技术的微观设计过程以及社会技术的宏观设计过程全周期与全要素的依据与范围。

3. 两种理论耦合的方法

耦合的原则就是要客观地分析技术自主论与技术社会建构论。耦合的研究方法即建构设计技术的前提是耦合技术自主论与建构论,两种理论都各有其合理性与缺陷,耦合二者的方法要分析并吸取其各自合理、客观、正确、恰当之思想成分,反对并舍弃其各自偏激、独断、片面、失当之思想成分,而不是把彼此的理论缺陷作为自身论证科学性的逻辑前提。耦合的实现需要技术自主论、社会建构论发挥各自对技术发生的逻辑、自然技术与社会技术相互关系的解释优势,尊重、弥补并借鉴彼此的认知与研究方法,通过耦合的理论认知对技术的发生、发展与应用形成更加全面的、多层次的、动态的认识与解释。这是完成设计技术全面研究视角的保证。

(四)建构设计技术的理论基础

1. 文化主义技术哲学

方法论文化主义是一个始于德国马尔堡,并且继承和发展了埃尔朗根和康斯坦茨学派的方法构成主义的学术思潮。它赞同语言学和语用学转向运动的观点,并为这场运动补充了一个文化学转向的概念,即采用重建的方式注重人及其生活环境的历史性。德语中的外来词"文化"(来自拉丁语的 colere、cultum)在现代德语日常用语的主要词义是指人为地、有计划地对已存在的事物的干涉。根据文化主义技术哲学的观点,文明史起源于技术史,文化首先就是人按照自己的需求和目的对自然进行的技术改造。技术的文化作用对人的理性有深远的影响,不仅规范我们的生产制度,同样也在方法上规范我们自己的实践。文化主义技术哲学可以代替以系统理论为导向的"技术"的技术哲学,鉴于文化主义技术哲学与人的行为的内在联系,我们发现技术所负的责任义务,正如人的实践行为一样。我们应该在伦理学的范畴下理解人的技术行为的目标制定、手段选择、结果、后果和附带影响。

此外,文化主义技术哲学分析了评估技术进步指标开放性的缺失。在 19 世纪经验自然科学举世瞩目的成就和 20 世纪物理学对经典物理学世界观的经验主义重新评价的背景下,其对生活和文化的影响逐渐增大,但是对理性的作用没有进入人们的视野。但凡自然科学在其自身学说或相关哲学思考领域被逻辑和数学所限制,以及局限于对结果的经验控制的时候,其成果的技术条件就会消失。但是,单纯从逻辑和因果的角度无法反映一项技术成果的有效与否或者衡量更多不可量化的社会影响。文化主义技术哲学提倡技术和文化的进步应当依据发展本身进行定义。

2. 技术的价值特性

在技术的价值理论中,技术和价值紧密关联。技术危害某些价值的事情时有发生,比如2011年福岛核电站泄漏事件。与此同时,技术也可以为价值提供支持,比如对人的健康、隐私等方面的保护。在技术的价值理论中,价值本身被分为内在价值和外在价值两类。其中,内在价值是与普遍的社会目标和价值观无关的,不取决于任何关系,在任何情境中都具有重要性,主要表现为技术在整个关系中的功效、效率、质量等。从道德的角度来说,它们就是所谓的工具价值,在技术领域已经开发出一系列的工艺方法,目的就是按照内在价值来从事开发工作。这种开发工作一般被称为"为××而进行的设计"。外在价值是与技术对其他领域的影响相关的价值,一般情况下,它们涉及人的、社会的、经济的和政治的普遍目标。外在价值中,安全健康、人的康泰、可持续性和公正、民主等都是其关键内容。针对外在价值,人们已经开始了呈现技术外在价值的研究,将外在价值纳入技术的设计,如包容性设计、价值敏感设计等。在技术的内在价值与外在价值的关系中,内在价值只是实现终极价值的手段,而这个终极价值对于技术的实践来说应该被评定为外在价值。

3. 智慧伦理学

从一般意义上说,智慧是个人或体制行为者能胸有成竹和审时度势地行动的一种特质。尤其是当一个行为者在局势纷乱不明的时候能够做到这一点,甚至能够暂时搁置自己的行动目标。智慧伦理学的出发点在一种对个人的自我取向能力的调查当中。智慧伦理学的任务不仅在于为允许和规定的范畴划定界限,更重要的是在于划定对行为者的自我趋向更为重要的建议范畴。这一理论具有反思的特性,能够努力对可能的目标的意义加以权衡考量。技术行为面临着各种各样的情况,但如何找到可以直接借用的经验,这就是智慧伦理学的任务,即在无经验的条件下创建自我导向的前提条件。智慧伦理学是一种"使能的伦理学",它所思考的问题是,什么可以通过技术来引起我们生活环境的根本改变,同时它还质疑这些情况是否符合人们的愿望,这是这一理论的根本技术批判因素。在智慧伦理学的传统中,有一些关键点可以进行归纳,比如,坚持拒绝物质的和教条的价值取向;追求一种成功形式的观念;用一系列忠告建议对酌情区分的必要性进行提示,这些忠告建议为个人的行为导向提供框架,不把错误导向的后果负担转嫁到别人身上。智慧伦理学的最终目的是推动人类建立自主伦理学,就人的生活规划设计而言,这种自主伦理学是确立人的完整性的最高权威。

4. 设计实践类型论

设计是发生在很多行业中的一系列复杂活动,在设计领域,我们发现了一些特殊的行业,传统上它们经常自行定义,如根据材料定义为纺织设计,根据对象定义为室内设计等,但是这些区别都是表面上的,因为它们没有触及设计活动的本质。设计实践类型论的研究者道斯特认为,有些深层潜藏的变体是直接影响设计活动本质的东西,这些是形成设计实践类型论的依据。设计实践类型论不仅是基于设计活动类型的基本不同,而且它足够接近实践中的设计现实,这些实践是以当今世界正在发生的设计实例的显著方面为基础的,是基础性的、有效的、恰当的。设计实践类型论指出,过去研究设计方法和工具时,设计研究中一大部分描述性和指示性的工作只注重设计过程,因此,被阐释的设计方法和工具必然会注重提升设计过程的效率和效力。鉴于这些方面的不足,设计实践类型论在设计研究中采用了更广泛的方法,要求我们从不同角度对设计进行描述,去考虑设计问题、设计者特性、设计相关的思维过程以及各种设计环境影响设计活动的方法。环境的不同类型产生不同类型的设计问题,设计者会对这些框架进行阐释,成为设计者主观性和专业知识水平发挥作用的地方,之后就会转变成一组具体的需要在设计情景中解决的问题。这四个层级的框架以及由此而产生的类型学使设计变得不再模糊,围绕设计展开设计讨论是有用的,而且允许更深刻的思维活动参与这一有趣的人类活动。

二、设计技术的界定与优越性分析

(一)设计技术的界定

设计技术是人类遵循文化主义技术哲学、智慧伦理学等理论基础,依靠大数据、虚拟现实、人工智能、云计算等先进技术支撑,在生态科学和绿色观念指导下开展的技术发生、发展的实践活动,以推动绿色技术的发生发展和绿色技术范式的形成为目标。

1.设计技术的内涵

人们对于某一事物的描绘表达并不只包含单一的外在表象,也包含内在蕴含的精神品质。设计技术就是希望技术的利益相关群体能从具体的技术产品中感悟、认同并受影响于设计者的思维和情感,领略设计者的独特魅力,进而感悟独特的绿色理念。设计技术的出现主要源于对现代技术弊端以及其造成的一系列社会影响所进行的反思。解读设计技术的内涵,可以从绿色设计的理念作用于技术主体和设计过程两种方式进行,前者主要强调思维方式和理念方面的绿色,后者主要强调具体设计方法的绿色。

在技术设计发挥作用的时间里,技术设计的原意也都以遵循"以人为本"为原则,为人类生产、生活带来舒适和方便,为人类未来发展构建蓝图。然而在经济理性时代,"以人为本"的设计理念受控于经济价值,人对生产和生活的正当需求转变为对自然的欲望性索取,因而在变了味道的"以人为本"中,实则以投入产出比为关键的技术设计工作,使技术成为无限开发资源、带来污染、毁灭生态的工具。天生财有时,地生财有限,而人之欲无穷也。针对这一真实状况,对技术的设计主体进行绿色化改造与影响成为设计技术的核心之一。美国设计理论家帕帕奈克于 20 世纪 60 年代出版著作《为真实的世界而设计》,提出了设计应该考虑地球资源的有限性。随着"有限资源论"的兴起,欧洲乃至全世界迅速兴起了"绿色设计"的浪潮,如比较典型的"3R"设计理念,通过利用太阳能、生物能、风能等新能源进行的低碳设计等。但是,以上设计重点的转变,又过于关注对自然、生态、环境问题的解决,而忽略了人的精神、对更高生活品质生活的追求。结合我国国情,我们建构的"以人为本"的设计技术,要在融入绿色发展理念的基础上,关注人们的精神需求,为推动、实现人的自由全面发展而开展设计技术的工作,这是设计技术得以存在的基础和贯穿始终的理念。

设计的展开是在手段和目的的逐步分解中进行的,设计的"手段"是重组解决问题的办法;设计的"目的"是对目标系统的确定,可以说"手段和目的"是设计过程中最关键的两个方面。陈昌曙说过:"现实的技术活动,面临着复杂的、相互牵制的因素和关系,人们可能会建构和提出多种多样各有所长的实践方案,却没有一种方案能最全面兼容各种设计的优点,而又能最大限度地排除它们的弊端,只能在这些方案中做出相对合理有效的折中选择,避免顾此失彼。"[①]技术是规律性与目的性共建的产物,是技术主体的客体化(人的本质力量的对象化)和技术客体的非对象化活动的辩证统一,兼具自然属性与社会属性。设计技术不是一个单纯的工程设计活动,设计的对象是一个技术——社会系统。因此,在设计技术过程中,以什么样的手段达到什么样的目的必须考虑众多的其他社会因素:使用者的个体文化和心理因素,制度性、社会文化、社会心理等因素,"越来越多地考虑满足人的使用功能、社会心理需求、个性要求等方面,技术人工物的外观、形态、功能

---

① 陈昌曙:《技术哲学引论》,科学出版社 1999 年版,第 43 页。

等方面不断进行改进越来越趋于实用化、美观化、多样化和新颖化"①。参与设计技术的主体是多元的,如技术政策的制定者、掌握关键技术的专家团队、技术成果的使用者等,涉及所有相关利益群体的相互博弈过程,博弈的依据要全面考虑和照顾到人与人的关系、人与社会的关系和人与自然的关系,超越原有的从技术开发者到生产者再到使用者这样的线性设计关系,形成各种异质设计主体网络化和系统化建构性参与的、开放性的、协商对话性的非线性关系。综合而言,设计技术就是强调从理念和方法上,为实现现代技术和现代技术范式的绿色化转向提供动力和具体工具的实践活动。

2.设计技术的特点

与技术设计相比,设计技术有以下突出特点。首先,突出技术发生的合理性。现代技术作为技术设计的产物,以工具理性为基础,围绕着资本、市场等经济要素,将技术作为制定财政投入和税收优惠政策的工具,与它被应用而实现的各种目的没有任何关系。与技术设计的价值取向不同,设计技术要综合考虑经济、政治、文化要素的影响,是结合技术产生与应用的具体时空条件,从单一的生产合理性到多元开放的生态合理性的转变。设计技术的生态合理性绝不仅仅是停留在设计出操作层面更为先进、理性的技术产品,更要实现思维方式的绿色转向,重视权衡社会各方面价值,反思并抛弃技术设计中被经济绑架的思维和行为,克服以市场作为单一导向的思维弊端,将环境与经济同时纳入人类发展的完整系统,在这个共生系统中,增长和发展是有区别的。只有达到技术效益、社会效益、生态效益、经济效益等共同认可,才能称之为技术设计的进步,其中生态效益的评价成为设计技术区别于技术设计的关键。因此,嵌入生态价值成分的设计技术是具有发展前途的主流技术设计理念和方法,是生态哲学、生态文化和

---

① 张秀武:《技术设计的哲学研究》,2008年山西大学博士学位论文。

生态文明发展的时代需求,其产生具有天然的合理性。其次,打破资本崇拜的神话。乐观的资本家与悲观的技术者在现代技术的设计参与中,看到的只有"增长的极限",人类所流露的各种诉求被简化为对物质的欲望。在技术设计的视角下,对技术的设计只是在生产的末端进行单向的革新,在利润最大化目标下技术创新的导向仍然是资本导向的。相比之下,设计技术藏于技术的根本目的不是以少量的资本和能量换取更大的经济效益,而是实现生态、经济、社会的全面和谐,在生态思维与生态价值观的引导下,设计技术将设计参与的着眼点从末端处理转移到前端改造,所设计出来的技术不再是依附于大量资本对生态文明建设发挥作用的工具。最后,展现充分的人性关怀。传统的技术设计将人的合理需求和人的不合理欲望混淆,将掌握技术设计走向的主体的选择与技术最终的使用者之间的需求等同起来。大多数技术设计被看作是脱离群众、被少数知识分子所掌握和参与的实践活动,脱离了大众的价值评判标准,这不免让技术沦为"最大效率与产出"原则下的单纯工具。相比之下,设计技术在开放式创新 2.0 范式、分享技术、负责任创新等创新环境下、在绿色价值观的指导下发挥作用。设计技术进入了"政府—大学—产业—公众"的"四重螺旋"创新生态系统内,打破了学术界、产业界、社会、政府等组织的创新边界壁垒,设计技术让绿色目光聚焦,让绿色成果共享,让技术不再是少数人掌握的神话。

(二)设计技术与技术范式

1.设计技术与技术范式的内在关联

首先,技术是以某个想法的形式出现在某人的思维中,之后,这个想法就必须被赋予具体的形式,最后进入社会主流。这个过程就是技术设计的正常路线。技术的每一种构成无论处在技术发生与发展的哪一个阶段,都会对人类生活领域产生影响,同时也都会受到人类活动领域的影响。人类生活领域包括科学领域、经济领域、社会领域、政治领域、法律领域、道德领域、宗教领域和美学领域(当然并不仅限于这几种),这些领域几乎完全不同,但是它们之间却总有相互交叉的地方。每个技术系统中的单个技术与其社会情境之间的关系可能有 N 个方面,每一个方面的互动又都有两个发展方向,而究竟朝哪个方向发展取决于到底是技术影响了情境,还是情境影响了技术,不同的方向性又决定了 2N 种可能的出现。这些都说明,构成一个社会技术的许多事实都归属于一张复杂的关系网络,在这张复杂的关系网络中,这些组分彼此之间发生着密切的联系,同时也与它们的社会文化情境之间发生着密切的联系。

其次,本书认为,技术是在社会运行之中形成的特定范式,即技术在设计之初以及后来的社会应用中都会与社会的诸多要素发生关联,也就是说技术作为内含于范式之中的核心要素是在社会之中发挥判决性作用的。将一项技术中任意两个或多个组分之间的关系称为内部关系,而将技术组分与属于其社会—文化的组分之间的关系称为外部关系。现在,我们就可以根据这些技术的结构以及它们嵌入社会方式的不同来区分不同的技术类型,从而形成一个区间。在区间的一端,我们可以看到这样的一些技术——其发展更多地取决于外部关系而不是内部关系。这些技术的组分之间互动并不明显,它们每一个都是直接嵌入社会—文化情境,并通过这个大环境联系到一起的(可以说这个时候的技术体系是由外界设计而成的)。这些技术其实不是天然地构成一个整体,而是为了满足社会的需要以及社会的各种条件才出现的。在这种情况下,对技术的有效性即技术操作比值的考虑并不是主要的。但并不是说在这种情况下生成的技术不会产生意想不到的或者不希望出现的后果,当将所有单个技术的作用合在一起的时候就会对社会构成一种复杂的非线性影响。那个时候的技术还不是社会无论怎样都必须适应的事物,不是社会发展不可分割的一部分(那个时候技术与社会的关系有很多和谐的、现在向往的关系,但是现在要回归那种非线性的、非绝对性的关系,不是回归简单,而是在技术水平已经提高到一定程度的时候,再加入人的意志去调控,使其回归到技术与社会的复杂非线性关系,摆脱技术对社会的绝对化影响)。这个时候虽然技术与社会的互动也是双向的,但是社会的影响却是主要的。外部关系对这些技术演化的影响远大于内部关系的影响,这一事实也描绘出了这些技术对生物圈的依赖。因为这些技术彼此之间存在很少的相互依赖关系,所以人类从生物圈中获得物质和能量的各种活动链条以及将物质和能量返还到生物圈的各种活动链条就极少包含其他技术,而且都是尽可能地与局部生态系统联系在一起。此时的技术联系对社会来说是恰如其分的,也是可以靠局部生态系统来维系的。

2.设计技术的范式特征

设计技术主要是在技术的形成过程中凸显人与自然的和谐,通过重新定位人在生态系统中的位置,使技术在应用过程中表现出友好的外部效益。所以技术设计者的生态意向成为设计技术的关键。而技术设计者所具有的技术设计的学科信仰以及在技术具体化为人工物的过程中所采用的物质载体都是受到范式的影响的,这一点可以从范式理论最基础的意义得出。在《科学革命的结构》一书中,美国科学哲学家库恩对于新的科学发展模式提出“范式”的概念,表示具有相近的职业理念与学科信仰,这种共同的信念为科学共同体提供了科学研究与解决问题的理论框架,使共同体内的科学家具有共同的传统并提供了学科发展的共同方向。“‘范式’是一个成熟的科学共同体在某段时间内所接纳的研究方法、问题领域和解题标准的源头活水”,“以共同范式为基础进行研究的人,都承诺以同样的规则和标准充实科学实践。取得了一个范式所容许的那类更深奥的研究,是任何一个科学领域在发展史中达到成熟的标志"。① 所以说,范式通过对技术设计者的约束和规范,为技术设计提供了最基本的保障,这也使得技术设计具有了范式的特征。

简单地说,设计技术所表现出来的特征就是绿色技术范式的特征。绿色技术范式通过绿色技术"内核"与以往的传统技术范式相区别。在技术社会运行中,绿色的价值观念、文化、产业经济、政治团体等也通过绿色化的属性对技术自身进行不断地调整、筛选与甄别,形成了具有弹性和耦合互动的"保护带"。设计技术主要就是技术设计的主体在自身主观的生态意向建构的基础上,将满足客观的绿色需求的绿色技术通过主客观两个领域实现的过程。在主观的设计参与过程中,设计技术与技术范式的"保护带"结构相一致,而真正的技术实现之后,这种人为参与经过社会精神筛选的技术便形成了技术范式系统的技术"硬核"的输出。

3.设计技术在技术范式结构中的博弈

在技术范式的"硬核"与"保护带"的二层结构里,对于技术的设计问题来自技术自主发展力量与以人为主的社会力量之间的博弈。但是设计技术必须承认的前提是,人与技术在不同程度上总是存在双向互动的,所以就不可能存在技术完全被社会决定的情况或者是技术完全具有决定性情况,这些说法至多不过是描绘了社会与其技术之间关系的一些极端走向罢了。对于技术实施的设计作用,在多种因素博弈的过程中,到底在这一区间上居于什么样的位置取决于技术联系与文化联系这二者谁具有更大的影响力。从日常生活中看,如果人们日常生活中所遇到的技术对人所施加的影响要大于人能够对技术施加的影响,那么人与技术这二者之间的关系就是异化的。举一个更具体的例子来说明:当一个城市的社会容量、拥挤、噪声等超出了人们精神和

---

① 库恩:《科学革命的结构》,金吾伦,胡新和,译,北京大学出版社 2004 年版,第 49 页。

身体的承受能力,那么这个城市也是异化的。人们会出现各种反应,或是接受现实,或是努力去控制一下环境,但都难以避免滋生无助、焦虑和失望等心情。可见,多并不意味着好。人类与食物的关系也可以很好地说明这一点。在人与食物的关系表现区间中,当食物的数量不足以维持人类生活时,会导致人们普遍营养不良,甚至还有死亡的可能。饥饿成了生活中的首要问题,人们过得十分凄惨。而在该区间的中间地带,食物不仅足够人们吃饱,甚至还会有可以跟好友们分享的余量,此时便可以极大地提高生活质量。但当食物多到人们能够随时随地吃到时,此时食物对人类生活的影响又是消极的了。因为人们吃得过多不仅会导致体重超标,还会产生各种健康问题,可以说摄入过多的食物反而对人们的生活质量产生了负面影响。从食物供给与消耗数量和人的生活质量这一非线性关系中,我们可以领悟到,在技术发展领域,多并不一定好。因此,为了区分技术设计与设计技术,凸显设计技术的科学合理之处,我们应该向中国古代寻找思路,如过犹不及、中庸之道等,探寻一种多样化参与的平衡状态,抛弃任何一种决定论的极端论断。

(三)设计技术的效果

1.从现代技术范式到绿色技术范式

人类文明发展史上的几次技术范式的转变直接催生了社会文明形态的转变。现代技术范式的产生是在工业革命后,资本主义社会制度快速发展之后,以工业化为标志,以瓦特改良蒸汽机和化石能源的大量开采为基础。伴随着工业文明和现代技术范式而出现的,是城市化、工业化、法治化、经济迅速发展等特征,这些也正是推动世界从农耕文明进入工业文明的关键因素。世界各国已经认识到了工业文明的困境,开始了现代工业化的新探索,提出了生态文明、可持续发展的绿色技术范式。绿色技术范式既来源于可持续发展时代融合环境、生态的科学知识,又来源于逐渐出现的循环技术、低碳技术等绿色技术基础,还源于一批共同关注技术伦理、人类价值、生态责任的,寻求经济、社会、生态协调发展的绿色知识共同体和绿色技术共同体。具体来说,实现由现代技术范式向绿色技术范式转变需要体现在以下四个方面:一是思想观念的转变。文明的基础就是解决人与自然关系的问题,当技术范式发生转变之时,首先发生变化的就应该是人对自然的态度、理解与认识,工业文明之所以会向生态文明发生转变,就是因为自然观发生转变而引发的。历史学家汤因比提出,人类的意识转变有两个转折:从无意识到有意识的过程和从自我意识到新意识的转变。所以,传统的发展模式必须转变,旧的发展理念必须摒弃,有必要转向一种人与自然关系相协调的生态文明。只有彻底改变工业文明自然观,才能实现生态文明建设的自觉性。二是生产方式的转变。在工业文明时代,其生产方式是一种由原料到产品,再到废弃物的线性、非循环式生产方式,其明显特征就是高消耗、低产出、高污染。而生态文明式生产方式则是一种由原料到产品,再由剩余物到产品,再到原料的非线性、循环式生产方式,这是一种以实现资源利用最大化为基本特征的生产方式。在生产过程中实现由原材料到第一种产品以后,原材料的剩余物就可以作为原材料实现第二种产品的生产,再有剩余物就可以再次作为原料实现第三种产品的生产,直到没有剩余物为止。产品报废以后也可以作为原料实现新的产品生产,实现循环利用。在这个生产过程中,如果有废弃物产生,则说明生产工艺还是有缺陷和改进的空间,所谓废弃物就应该在生产的过程中实现全部排除。三是生活方式与消费方式的转变。作为理性存在物的人类,被工业文明引入一种可怕的生活方式,即以物质主义为生活原则,将高消费视为基本特征,将更多、更大、更好这样的享乐主义生活作为最高追求,错误地将高消费视为生活的善和美,将更多的资源消耗视为对经济发展的贡献。由此,人类开始迷失了生活的方向,逐渐变成了被异化的存在物。当实现绿色技术范式的转变时,人类就会通过对自己生活的反思,探寻更为合理、本真的存在方式,而这种存在方式就是绿色化的生活方式与消费方式。生活方式绿色化的核心其实就是实现消费方式的绿色化,这种绿色消费模式指的就是:既要满足物质生活的生产发展水平,还要满足生态环境的生产发展承载力,也就是说既要满足人类基本消费需求,也要实现对生态环境保护的这种消费方式。四是社会控制系统的转变。技术范式形成过程中的社会精神运行机制包括三个层面的政策体系机制,即宏观层面国家科技政策体系、中观层面区域科技政策体系、微观层面企业科技管理制度,借此通过市场拉动、伦理导引、政府调控及公众推动等各方面社会力量实现对绿色技术发展、演化的规制。其中最重要的是构建一套立体式的社会政策网络,这里面包括绿色技术研发应用的融资政策和风险投资政策、绿色技术发展的人才政策、税收优惠和政策财政投入、绿色意识的教育和培养政策、鼓励应用绿色技术改造传统产业政策等。建立合理科学政策网络以为绿色技术发展营造良好的生存环境、奠定科学合理的消费理念、提供人员资金的保障。

2. 绿色技术范式的设计推动

关于推动技术范式实现变革的动力是什么,学界研究由来已久。多西作为技术范式概念的提出者曾经将技术范式实现变革的动力来源机制总结为两种:一是技术自身的驱动力量,二是市场需求对其的拉动作用。而本书主要是从哲学角度对技术展开一般意义上的研究。

技术在社会运行中形成特定的范式,同时受范式的影响,技术的发展也表现出特定的轨道。这种轨道效应对内形成技术自身发展的逻辑,如形成一定范围内的核心技术体系、主导设计体系、技术发展主流趋势、技术选择规则和创新中的技术采用惯性。技术范式一旦确立就从技术发展的因变量转变为动因和标准,这种受技术范式影响的技术发展轨道反映了技术设计的路径依赖。所以我们说设计技术是技术范式形成的动因,但二者之间的影响又是相互的。以绿色技术范式的形成为例,设计技术就是一个关键要素。

从技术范式形成的过程来说,作为绿色技术范式的技术硬核的绿色技术,其本质上是人的绿色观念嵌入技术设计过程所形成的。在这个意义上说,设计何种技术便会形成何种具有决定性的技术范式硬核。传统的技术范式之所以是非绿色的,主要就是技术设计主体对于技术范式形成过程中技术硬核所涉及的技术并没有按照人与自然和谐共生的理念进行。传统的技术设计就是单纯地以自然科学为基础规律,以人类的自我价值为取向的设计。在这种设计理念下,技术只要求达到对自然与改造的实践效率的最大化,这是工具理性的彰显,技术体系的形成也是以满足人类物质生产效益的最大化为归宿的。所以近代以来的工业化进程使人类对于技术的设计产生了极其严重的生态负效应,我们只是在丰富社会物质生产,提高单纯的生产力方面取得了成功。传统工业文明的技术范式在社会中根深蒂固,人类的生产和生活方式都集结于此。从技术范式的层核结构的"保护带"角度看,传统的技术范式下,人类所遵循的技术设计方式并没有过多地体现对生态整体价值的社会选择。或者说,"保护带"对于技术设计过程的缓冲与调节并没有按照真正的"人类中心的整体价值"进行规范。所以此时的技术设计是单一主体的,人是设计过程的尺度。

正是基于对技术设计缺陷的反思,在技术形成和发展过程中逐步形成了一种新的设计理念,即设计技术。此时的技术已经不是单纯的近代机械自然观下人与自然二分对立的技术,而是一种将人与自然和谐发展,能够在经济社会发展过程中实现可持续的大生态角度的技术。设计主体以绿色的价值理念,以生态科学为理论依据,将人与自然共生的伦理约束作为价值取向,开始设计绿色的技术,进而也形成了技术发展轨迹中从传统技术向绿色技术的过渡。绿色的技术在社会运行过程中接受着相关社会精神的进一步选择,进而形成了绿色的技术范式。应该说,从技术设计到设计技术的转换,是由传统技术范式向着绿色技术范式转换的根本动因,因此,要通过设计技术在技术的设计阶段实现绿色价值理念的植入,从根本上变革传统技术设计的目的与诉求。

设计技术实际上是为了解决技术发明创造过程中的技术期望、工艺知识、现有技术水平及资源的利用模式等问题。设计的动机和理念直接决定着相应的技术产出,也规定了使用过程中所形成的技术范式。但这不是说设计单方面地决定着技术范式的形成,这里只是强调设计技术的决定性作用,而技术范式一旦形成又会加强这种技术设计的理念,形成在一定的技术范式下利用技术机会解决问题的模式,同时也是利用技术机会的基本程序和特定的技术范式的过程。在设计技术与技术范式形成的相互作用中,技术的演变和发展形成了自身特定的轨道表现,这就是技术自主论者主张的技术按照自身的理性和逻辑发展。可以说,在绿色技术范式形成的过程中,这种作用并不是整体发生变革的,需要经过一个动态的发展过程才能实现转变。

从整个社会的视角看,绿色技术范式一定程度上是集聚在绿色技术周围形成的绿色的生产与生活方式。在整个绿色技术发展的谱系上,技术经历了从非绿到近绿,绿色从浅入深的过程。技术各组分彼此影响着对方的演化,这种影响力等于甚至大于社会情境带给他们的影响。例如,治理污染的技术已经出现很多年了,而且在这个领域中不断有新的治污技术被发明出来,但是治理污染技术只是绿色技术范式中的非核心组成部分,它只是从功能上对已经发生的污染进行被动的、事后的处理,因而不是关键技术。相比之下,清洁生产技术则能保证企业不出现污染问题,它在绿色技术范式中占有更关键的地位。这种从污染治理技术的末端治理到清洁生产的源头防治可以被认为是设计技术理念的转变,因此在此种设计之下形成的技术相关的生产生活方式也呈现出绿色化的发展。同时也应该看到,当设计技术的某个发明或创新崭露头角的时候,它总是会通过各种方式被传播,在社会上接受制度、文化、经济、政治的选择,最终绿色技术发挥的间接促进作用比直接促进作用更有力地推动了技术的增长。由于无数绿色技术的设计之间无休止地结合、互动,技术发展过程变成了绿色技术体系,并在其社会运动过程中表现出绿色的范式形态。所以说,人们只要试着对技术发展发挥主观能动性,社会就可以对技术将来产生什么样的影响提前做好应对准备。一旦设计技术对社会的价值体系构成影响,技术范式就开始按照自身的主张表现出相对的自主性。这个过程中不能忽略的是人对于技术发展与范式形成的决定性作用。

三、从技术设计到设计技术的实践指向

完成从技术设计向设计技术的转变,绝非仅仅是构词顺序的调整,而是从思维方式到具体方法上的全面进步。我们不仅要保证从技术设计到设计技术的转变在理论上的正确性,还要在现实中探究可以提供保障的可行性方案。

(一)构建面向人本和生态的设计原则

从技术设计到设计技术的转变,要从人和自然同一的整体进行建构,对待人的方面注重人文关怀,坚持人本原则,对待自然方面强调生态关怀,坚持生态原则,注重整体的思维。

1.注重人文关怀,坚持人本原则

人文关怀包含着对人类处境的关怀和对自由的不懈追求,要融入设计技术的全过程,实现技术进步与可持续发展的并行不悖。人本原则的基本精神关注的是人的全面发展,能体现人的最大利益。技术设计在人本原则中最缺失的就是对人的价值和尊严的强调,现代技术带来的危机,不仅仅是环境污染和生态系统的危机,从人文角度看其实质是人类文化和价值观的危机。① 人类生存危机与精神困境日益暴露出来,为此需要对主体地位有正确认识,明确人在技术设计过程中的角色,将自己的目的、意志和能力对象化到技术客体之中,以此来实现对客观对象的改造。在设计方法上,引入价值敏感设计的具体方式方法,如概念、经验和技术调查的方法等。首先,"一个健全的人应当是一个身心健康的人,他不仅可以在物质生活领域通过创造物质财富实现自己的价值,而且可以在精神生活领域通过创造精神财富,通过关心他人和社会而丰富自己的生存意义,提升自己的生存价值"②。人作为设计活动中的主体要素,应主宰技术,以这种认识为指导去改造世界,并实现对设计技术的控制。人作为拥有价值的唯一主体,要以主体的姿态面对自己,对技术的设计要讲道德,要承担一定的义务和责任,以此来实现人类主体地位的回归。需要技术设计的所有利益相关者共同参与设计过程,促进技术设计的人性化和健康发展。通过自己的实践改造外部的自然条件,满足自己的需求。其次,技术的发展要以实现人的目的为原则,在技术设计的早期进行主动设计和调整,在设计过程早期和整个过程中影响技术的设计,拓展人类价值观的范畴,尤其是道德输入的价值观,利用道德认识论来为设计提供一个原则性的方法,以维系涉及人类福祉、权利和公正等特定价值观,对自主的道德个体或团体秉承的价值观进行有效引导。为设计技术的建构提供了一种价值理念,引导技术朝正确的方向发展,即向着有利于人的自由、尊严等方向发展。马克思恩格斯以"人"为出发点来发展人。社会与技术的发展最根本的追求与目标是为了人的生存与发展。"'历史'并不是把人当作(原文为做)达到自己目的的工具来利用的某

---

① 江作军:《生态伦理学的思想方法初探》,《道德与文明》,2002 年第 1 期。

② 绍伊博尔德:《海德格尔分析新时代的技术》,宋祖良,译,中国社会科学出版社 1993 年版,第 215 页。

种特殊的人格。历史不过是追求着自己目的的人的活动而已。"①以人为本的技术发展原则强调应该以人的物质生活和精神生活水平的全面提升为目标,以人与社会的全面发展为根本。

2. 强调生态关怀,坚持生态原则

在技术设计的不完备性推动下形成的现代技术范式,给生态环境带来了巨大的负面影响。美国生态学家康芒纳指出:"新技术是一个经济上的胜利——但它也是一个生态学上的失败。"②面对生态问题,需要以生态伦理视野考察设计技术的活动逻辑,形成技术创新生态化的选择方向。

设计技术的过程促使技术创新向生态化方向发展,实质上就是强调生态原则,实现生态关怀,在人通过设计技术追求最大投入—产出比值活动的同时,更要有意识地维护生态资源投入—产出的平衡,以在最广泛意义上促进人类、自然与社会的和谐有序为最高目标。它要求从技术层面解决经济发展与生态环境之间的不平衡,在设计技术的过程中,要综合、前置考虑技术发生、发展以及运用可能产生的生态化结果,通过实践和社会的变革过程,最大限度地减弱和避免技术带来的消极作用。

践行设计技术生态原则,需要借助生态伦理的引导,同时,生态伦理的发展也需要设计技术的践行。二者之间的良性互动要求人类个体在意识层面确立人与自然和谐发展观、绿色消费观等;塑造生态人格,充分地理解自己与周遭的各种存在处于密切的联系之中,对它们抱以深沉的关怀;规范设计行为,按照生态伦理的要求,通过设计技术在技术创新过程中的参与,使已有的物质要素获得新的内容和形式或新的结构和功能。要求所有设计技术参与人员在掌握自然界客观规

---

① 马克思,恩格斯:《马克思恩格斯全集(第二卷)》,中共中央马克思恩格斯列宁斯大林著作编译局,译,人民出版社 1957 年版,第 118-119 页。

② 康芒纳:《封闭的循环——自然、人和技术》,侯文蕙,译,吉林人民出版社 1997 年版,第 102 页。

律的基础上,正确认识人类对自然过程干预所引发的后果,并通过设定一定的目标,以生态价值来支配自己的行为。在设计技术的过程中,预测到一项技术成果的发展和应用有助于保护生态系统和谐与平衡时,要在政策、资金、人才等方面给予积极的推广和应用设计支撑,而发现它有害于生态系统和谐平衡的时候,应当给予解释的解构设计。

(二)营造形成设计技术的"小生境"

"小生境"概念同样来源于生物学,它是指不同物种(以及亚种)都生存在各自特有的生态圈中,这些特定的生态圈为生物提供了某种保护,从而能够避免过于残酷的自然选择压力,保证了生态多样性。本书所建构的指向绿色技术的设计技术内容,明显会伤及现有的技术发展体系,因此我们除了对设计技术主体责任的强调和建构,还需要在更加宏观与外在的向度提供保障,营造形成设计技术的"小生境"。

1. 强调设计技术实践的政策调控

技术发展政策是政府运用政治权力对科技活动的干预,在整个科技活动中起着调节和控制的作用,科学合理的政策能够保障技术发展的正确方向和目标。在目前技术发展问题越来越专业化的背景下,政策在执行之前就有必要对这些技术活动进行调查研究,找到具体问题,建立技术政策的预见体系,确立政策伦理评估标准,健全政策评估机制。在政策制定时,以促进社会发展、人的发展、人与自然和谐发展为基准,在国家重大战略的技术研究上,从生态伦理的角度采取保护性的政策,在技术开发过程中,以法律和经济为手段,采取扶持性的政策,对发展前景不明、破坏自然和社会环境的技术活动,采取限制性政策,对违背国家发展战略、危害生命安全的科技活动,采取遏制性的政策,在设计技术伊始便进行叫停干预。

技术政策的制定是一个既烦琐又专业的过程,尤其是随着技术的不断发展,技术的设计过程不断复杂化,技术政策需要解决和保障的技术问题具有越来越强的专业性,因此有必要通过专家咨询提高技术政策制定的精准度和科学性。此外,虽然技术政策的制定和决定需要一定的专业性,但技术政策最终落实和接受的主体是公众,公众参与的模式正在成为未来世界许多国家技术政策选择过程的发展趋势。从普通公众的角度而言,能够和政策专家一样参与保障设计技术实施的政策制定和选择过程,一方面是现代民主发展对于普通公众权利发展的诉求和尊重,另一方面也是对技术、政策等领域统治论观点的驳斥和反击。结合我国的经济、社会、生态现状以及目前技术发展中主要存在问题,还有必要借鉴国际上的相关政策。政策间的借鉴与交流可以简化对技术政策的选择,从而推动技术政策在设计技术的过程中发挥作用。

2. 创新设计技术发展的预见与评估机制

实践中,技术发展的速度显然快于理论研究的速度,特别是在一些高新技术领域,伦理等方面的研究相对滞后,而如若在设计技术的前期忽视技术发展和应用的风险,那么在此基础上形成的政策和制度也难以保证其科学性。这对于在技术的设计阶段解决和规避一系列问题提出了严峻而紧迫的需求,针对这样的问题,需要创新技术风险的预见机制,完善技术发展的评估机制。通过检测、诊断、预控、失误成因分析、失误后果评价以及行为警示等手段,将结果融入技术的设计阶段,以预见和评估机制发挥警报功能,进而提升设计技术的矫正功能和免疫功能。

首先,创新预见机制。一是要明确预见机制的任务。通过分析技术在未来发展中的各种可能性,预见技术研究、发展和应用过程中可能产生的生态、伦理等方面的负面影响,在此基础上,采取有效措施,制定相应的规范,使技术发展与人类文明进步的目标一致。二是要处理好科学运用技术预见方法。单纯的某种预见方法本身都存在着一定的局限性,因此在具体的实践中,要注重多种预见方法的综合运用。比如,芬兰的研究中心曾提出探索技术预见的新方法,其目的在于传播技术预见研究的方法,从而实现技术预见方法应用的系统性,并使得这些方法在应用中取得最优化效果。① 三是建立预见成果共享机制。技术预见机制的目的是让人们在技术发生、发展与应用之前了解技术可能带来的风险,并采取有效的措施降低甚至消除这种风险。由于人力资源、财力资源、物力资源分布的不均匀,实现技术预见机制的目标需要建立预见成果的共享机制,以便对预见过程和成果的科学性进行监督和检验。

其次,完善技术评估机制。一是要打造专业的技术评估队伍。目前我国有经验的评估专家有限,评估队伍素质参差不齐,同时缺乏吸引有能力评估专家的成熟渠道。因此,相关技术评估队伍人力资源建设工作非常重要,优化评估队伍结构,囊括科技工作者、伦理专家、社会公众、政府、企业以及其他社会组织的成员,通过不同主体对技术进行全面评估,进一步地修正评估的结论,实现评估的科学化。二是实现技术评估活动制度化发展。针对评估主体,建立合理的技术主体评估激励制度,充分调动技术工作者的积极性。针对评估客体,建立独立的第三方评价制度,针对技术评价者,建立评价专家的资质认证团队。三是拓宽设计技术主体评估的渠道。通过媒体披露信息的方式进行社会评估,或者引入相关技术行业或科技系统内部人员,通过口头或书面形式对参与设计技术的企业和个人进行内部专业化评估。

3.完善面向设计技术的制度选择

现代技术的突飞猛进推动了工业化和现代化的进程,带动了经济与社会的发展,现代技术引发的一系列生态、伦理问题也如影随形。法律制度的不完善、管理制度的不健全、评价制度的不完善以及公众

---

① 唐家龙:《技术预见的实践局限性及其方法论根源》,《科学技术与辩证法》,2008 年第 5 期。

参与制度的不到位,都是导致上述问题的重要因素。为此,有必要从制度视野探寻一个面向设计技术的有效制度选择体系。

首先,要完善设计技术的法律制度。有必要针对技术设计的局限性所引起的生态问题、伦理问题等,建立与完善相关法律制度。一方面,通过法律手段规范与约束技术的设计过程,保障技术符合社会与人类在经济、生态、伦理等方面的需求;另一方面,通过发挥法律的抑制与惩罚作用,对技术设计过程中的不恰当行为给予及时制止。以法律制度的权威性、强制性、灵活性和激励性,保障技术发展和人类最终的价值目标相一致。

其次,要强化设计技术的管理制度。针对科技领域的管理工作主要是整合并优化参与设计技术过程的人力、物力和财力等资源,采用遵从生态原则的管理方法,对设计技术活动的实施进行有效保障。具体而言,在生态原则的基础原则下,完善管理策划,提高管理针对性与有效性,实现所需人力、物力与财力资源的公平有效分配与使用。在人本原则的基础原则下,注重对参与设计技术的主体的自我管理和自我约束能力培养,遵守法律,秉持技术伦理的价值观,在设计的过程中展现设计主体的社会责任感。

最后,要建立设计技术的公众参与制度。技术的发展和应用影响社会生活的方方面面,而技术设计走向异化的重要原因之一就是参与主体的局限性,因此落实设计技术的先进方法和理念,迫切需要公众参与制度。公众参与是指参与和介入设计技术过程的角色不只是通常的职业专家、专业的设计师等,还应包含更广泛的社会角色,如每一个与此项技术相关的公民。当然,每个人参与技术的实际设计工作是不现实的,但是可以探寻多样化的参与形式,比如对技术产品设计的留白,给后期使用者一定的定制化设计空间。公众参与技术的设计过程,既是权利又是义务,公众不仅能够了解技术的发展,同时能够监督技术的产生、发展和应用后果,提高对技术的理解和技术伦理修养,增强辨别是非的能力。

(三)结合现代技术提高人类理性的完备性

学者杜威意识到了科学和技术有其内在的局限性，认为人类能力不足应该为其负责，而应对的主要措施是从道德角度矫正运用技术的方法。然而，单凭道德呼吁去解决技术奴役问题是不可能的，如美国退出《京都议定书》就是很好的例证。事实上，人类理性的不完备性，除了来自意识的偏差，还局限于已有的技术实力基础。进入 21 世纪，随着物联网、大数据、云计算、虚拟现实、人工智能等信息技术的出现，人们看到了对社会进行计划治理、对曾经当作不可控事物的预知与判断成为可能，这些技术给提高人类理性完备性带来了希望。

1. 大数据技术

大数据是指无法在一定时间内用常规软件工具对其内容进行抓取、管理和处理的数据集合。从内涵上讲，大数据不仅包含了海量的数据，还包含了复杂类型的数据，具有极大的数据容量、极快的处理速度、极强的时效性、先进的可视化等特点。随着经济、社会系统向纵深应用的拓展，各个领域的决策已经越来越依赖数据，大数据成为未来企业、国家等减少信息不对称、提高竞争力的关键要素。在我国，大数据技术已经广泛应用于公安部门、税务部门、宣传部门等，比如应用于对犯罪活动分析和预警、对涉税数据进行比对、提高宣传针对性等。一个大规模生产、分享和应用数据的时代已经来临。

数据作为大数据技术的本源，对大数据技术的应用实际上就是对数据的应用，是对海量数据的获取、储存、分析、处理。将大数据技术作为设计工具应用在设计技术中，可以对技术从发生、发展到应用的一系列风险进行分析和预测，能够提高人类对某项技术全生命周期的掌握。例如，迈尔-舍恩伯格和库克耶在《大数据时代：生活、工作与思维的大变革》中给出的大数据技术经典案例——谷歌流感趋势，就是谷歌公司通过对每天来自全球超过 30 亿条搜索指令留下的数据足迹展开数据挖掘后,对流感传播做出的概率预测。其他公司无法完成这样的预测,根本原因在于"它们缺乏像谷歌公司一样庞大的数据资源"。大数据技术正如迈尔-舍恩伯格所言,就是"以一种前所未有的方式,通过对海量数据进行分析,获得有巨大价值的产品、服务或深刻的洞见"①。人们在生活以及与技术的交往过程中制造着海量数据,而对海量数据进行分析的大数据技术,对于提高人在设计技术中的理性有着无法比拟的意义。

2.虚拟现实技术

虚拟现实技术是通过计算机和直觉传感等技术模拟现实世界以及人与现实世界的交互作用的仿真系统生成技术。它可以生成三维的虚拟环境,借助必要的感知设备与虚拟环境中的物体发生交互作用,用户能产生逼真的视觉、听觉、触觉等一体化的感觉,从而使用户获得身临其境的感受和体验。

将虚拟现实技术应用到人对技术的设计过程中。人作为主体基于虚拟现实技术的活动是一种新的生活形式,可以预知体验某种技术完成后应用于社会之中时,对人的生活、对社会、对经济、对生态环境等各种因素产生的全方位影响。结合这种体验结果,人们从新的生活体验中获得的经验与教训又将反过来影响对技术的设计与应用,使其发展方向不断受到人们的价值选择的调节。

3.人工智能技术

1956年夏季,以麦卡赛、明斯基、罗切斯特和申农等为首的一批有远见卓识的年轻科学家在一起聚会,共同研究和探讨用机器模拟智能的一系列有关问题,并首次提出了"人工智能"这一术语。人工智能诞生以来,其理论和技术日益成熟,应用领域也不断扩大。人工智能的关键技术包括机器学习、模拟识别、计算机视觉、模糊数学、神经网

---

① 迈尔-舍恩伯格,库克耶:《大数据时代:生活、工作与思维的大变革》,盛杨燕,周涛,译,浙江人民出版社2013年版,第4页。

络、自然语言处理等。

人工智能的最新成果往往是基于人工智能工程师对人类智能的了解并成功模拟的,其发展水平滞后于人类对自身智能了解的程度,而在未来人工智能技术不断发展的情况下,人工智能也只能无限地接近人类的智能水平。人的精力有限,虽然现代技术的异化已经给人、社会和自然带来了巨大的破坏,但是社会也无法聚集所有人去思考与解决技术的异化问题。因此,可以借助人工智能技术完成技术设计过程中所需要的对生态和价值把控的工作。

根据哈耶克所谈及的人类理性完备的观点,随着社会分工的不断细化,知识的增量已超出了边际增幅,知识的更新周期不断缩短,任何人都不能掌握和使用全部知识以支配自己的行为。哈耶克批判理性,认为理性不及,"总是使一个国家变成地狱的东西,恰恰是人们试图将其变成天堂"①。但是,他还是给了我们一个"乌托邦"的梦想,提出"普遍的、和平的、自由的秩序"理想。在他的理论中,理性的建构能力和建构理性显然是有区别的,他不承认认识是完全理性的,但是鼓励不断建构理性,认为这是人类不断接近理性的完备。而这一愿景将随着技术的不断发展而实现。哈耶克强调,要承认我们的无知与理性不及,不要妄想人类有那种真正的所谓重构世界的能力。这种观点也是警醒人类不要在大数据技术、虚拟现实技术、人工智能技术的不断发展过程中陷入过度乐观,要时刻保持警惕和谦卑。因为这些能够帮助人类建构理性的技术也在不断地发展进化,依然存在一些伦理方面的隐患,这些也是需要人类在运用的过程中不断自我警醒与抽离的,要始终认识人类自身的主体地位。

---

① 哈耶克:《通往奴役之路》,王明毅,冯兴元,等译,中国社会科学出版社1997年版,第56页。

第五章　设计技术在绿色发展三个维度上的实践

　　针对日益严峻的资源、环境问题和经济发展的压力,党的十八届五中全会把绿色发展作为"十三五"期间的新发展理念之一。我国的绿色发展之路是一条区别于西方价值理念、闪烁着东方智慧的现代社会文明治理之路,具有更为丰富的内涵,是一种在传统发展方式上融合东西方文化,将马克思主义生态理论与当今世界发展的时代特征相结合的创新发展方式。绿色发展是"绿色"与"发展"的有机结合,强调经济社会发展与生态环境保护的统一。

　　绿色发展是生态文明建设的中国模式,是推进生态文明建设的实践方式,绿色发展深刻地体现在我国经济社会发展的"五位一体"总体布局当中。绿色发展的实现,以生产与生活方式的绿色化为具体方式,以生态文明制度为保障,以追求人的自由全面发展为最高追求。进一步而言,生产方式、生活方式的绿色化,生态文明制度的建立,人的自由全面发展都离不开技术支持,尤其是与绿色发展理念相一致的绿色技术。将设计技术应用于绿色发展三个维度的具体实践中,既是在绿色发展的道路上不断追寻,致力于提高绿色技术的供给,又是对本书技术设计的研究视角选取的验证,还是对本书建构的设计技术理念的实践验证。

一、设计技术与绿色发展方式

　　绿色发展作为时代的主题,其理念的落地需要实际的工具。绿色技术包括绿色自然技术和绿色社会技术,是支撑与保障绿色发展理念指导现实发展的技术工具。绿色生产方式和绿色生活方式作为贯彻绿色发展理念的具体方式,生产与生活领域的减速换挡与提质增效都需要绿色技术的技术支撑和价值引领。

(一)绿色发展方式:生产方式与生活方式的绿色化

　　实现绿色发展,最关键的是探寻科学合理的绿色发展方式。习近平总书记曾多次强调,推动形成绿色发展方式和生活方式是贯彻新发展理念的必然要求。结合我国经济、社会、生态环境的现实状况,推动和践行绿色发展理念主要从以下几个方面进行:一是加快转变经济发展方式;二是加大环境污染综合治理;三是加快生态保护修复;四是全面促进资源节约集约利用;五是倡导推广绿色消费;六是完善生态文明制度体系。六项任务所涉及的内容可以被归入生产和生活领域,通过生产方式和生活方式的绿色转化来完成。比如,环境污染、生态保护、资源的高效利用等都要在生产过程中完成;绿色消费是形成绿色生活方式的核心内容,而生态文明制度的体系建设能够为绿色生产方式与绿色生活方式提供不同程度的制约与保障。

　　除了我们所认识到的生产方式与生活方式是形成发展方式的两个重要因子,生产与生活之间还存在着深刻的互动关系:生产力与生产方式是影响和改变生活方式的关键因素。马克思曾于19世纪40年代对二者的内在关系提出过明确论断:生产方式实际上是人们的生活方式。比如,他曾以一项具体事例来阐述生产方式如何在技术的推动下产生变化,进而完全改变人们的生活方式,"近年来,任何一种机械发明都不像(原文为象)'珍妮'纺纱机和精梳纺纱机的创造,在生产方式上,并且归根到底,在工人的生活方式上,引起那样大的改变","'机械发明'。它引起'生产方式上的改变',并且由此引起生产关系上的改变,因而引起社会关系上的改变,'并且归根到底'引起'工人的生活方式上'的改变"。[①] 在分析资本主义大机器生产的具体作用时他也指出,"当 18 世纪的农民和手工工场工人被吸引到大工业中以后,他们改变了自己的整个生活方式而完全成为另一种人"[②]。这就是说,科学技术作为一种生产力,作为一种在历史上起推动作用的、革命作用的力量,必定引起生活方式性质上的变化。但这种作用是间接的,必须以生产方式为中介,通过"科学技术—生产方式—生活方式"的联系链条才能实现。可见,借助设计技术的手段、致力于绿色生产方式与生活方式的实现与发展,是落实绿色发展理念的关键。

完成生产方式和生活方式的绿色转向,不可避免地需要我们将目光重点聚焦在绿色制造领域。历史与现实告诉我们,在生产与生活领域,制造业的地位不容小觑。作为全球百位思想家之一的斯米尔曾经在其著作《美国制造:国家繁荣为什么离不开制造业》中指出:"如果没有一个强大而且极具创新性的制造业体系,以及它所创造的就业机会,那么,任何一个先进的经济体都不可能繁荣发展。"制造业本身是由很多相互关联、相互依赖的元素构成的,制造业的发展是否科学合理,受到很多因素的影响,同时也会对很多领域产生深刻的影响。从人类的物质生产过程来看,仅仅从生产这一端要求实现绿色化还是远远不够的,还要实现公众生活方式绿色化。构建绿色生活方式,需要将绿色发展的理念渗透到公众自身的行为中,这就要看使用的产品供

---

① 马克思,恩格斯:《马克思恩格斯全集(第四十七卷)》,中共中央马克思恩格斯列宁斯大林著作编译局,译,人民出版社 1979 年版,第 501 页。

② 马克思,恩格斯:《马克思恩格斯全集(第四卷)》,中共中央马克思恩格斯列宁斯大林著作编译局,译,人民出版社 1958 年版,第 370 页。

给是怎样的。如果产品是绿色的,那么,公众在很大程度上就能减少生活垃圾的制造,影响环境的程度就会小一些;如果产品是无法回收利用的,那么,使用后的报废产品就会对环境造成很大危害,即使经过垃圾处理之后同样也难以消除这种不良影响。而这一切的实现都离不开制造。由此可见,绿色制造不仅可以结合绿色生产方式的全过程,还可以渗透到绿色生活方式的各个领域。因此,实现绿色发展方式的绿色化,必须重视绿色制造的崛起,将设计技术的理念和方法重点与制造业进行结合。

(二)设计技术与绿色制造融合的实践指向

目前世界经济已经进入了全球化发展的阶段,而全球产能过剩、总量失衡,新兴市场经济体供需结构不匹配,全球经济治理结构陷入困境等问题接踵而至,成为目前世界经济面临的巨大困境。面对这一全球性困境,世界经济开始寻找新的出路,在 2008 年金融危机之后的很长一段时间里,全球经济进入了"新常态"的增长减速期,从量变转向质变,技术在全球范围内扛起了工业 4.0 的大旗,对原有的价值链和治理方式进行了重构转型与调整,正在朝着绿色化方向发展。在世界经济提质换挡的背景下,我国也致力于推动绿色发展理念,制造业作为立国之根本、兴国之利器、强国之基础,成为推进绿色发展理念、完成绿色生产方式与绿色生活方式转变的重要实践。

1.绿色制造的发展机遇

有关绿色制造的研究最早可以追溯到 20 世纪 80 年代,随后绿色制造成为先进国家研究的重要领域。例如,美国加州大学伯克利分校专门建立了组织团体以研究与资源环境保护结合的设计及制造行业,并且开发了互联网门户网站,用于对绿色制造的系统性了解与查询;国际生产工程学会(CIRP)针对环境意识制造和多生命周期工程发表了多篇相关研究论文;剑桥大学的可持续制造研究团队致力于研究开

发新技术,包括无温室气体排放、避免使用不可再生原料和减少废物
产生的材料转换技术等。

　　近年来,国际标准化组织(ISO)制定的环境管理 ISO 14000 系列
标准,引起了学术、社会、生产等各个领域对绿色制造及相关领域的关
注与研究。绿色制造最终所能达到的效果不是单一的,而是多元化
的,它把技术对环境、生态的影响和作用进行了充分的衡量,在获得利
益的同时兼顾生态友好、社会友好及生活需求,最终实现人类的自由
全面发展。绿色制造作为我国绿色发展的重要实践方式,不应将对绿
色制造的投入与研究看作是一种负担,而应该将其视为一种动力,应
该抓住绿色转型的机遇,推动能源革命,加快制造业领域的绿色技术
创新,从而实现经济发展与生态改善的双赢。

　　我国近年来开始注重绿色制造,很多大学和科研院所开展了这方
面的研究,国家自然科学基金也跟进了很多这一方向的研究,促使绿
色制造的研究进程速度加快。在制度保障方面,我国也紧锣密鼓地推
出相关政策,如 2015 年,国务院印发《中国制造 2025》,作为我国实施
制造强国战略的第一个十年行动纲领;2016 年 3 月,十二届全国人大
四次会议表决通过了《中华人民共和国国民经济和社会发展第十三个
五年规划纲要》,明确提出实施制造强国战略,坚持对制造业的优化创
新工作,深化信息技术对制造业的良好影响,促进制造业向高端、智
能、绿色、服务方向发展,培育制造业竞争新优势;2016 年 11 月,国务
院印发的《"十三五"生态环境保护规划》提出,要增强绿色供给能力,
整合环保、节能、节水、循环、低碳、再生、有机等产品认证,建立统一的
绿色产品标准、认证、标识体系。发展生态农业和有机农业,加快有机
食品基地建设和产业发展,增加有机产品供给。2021 年 11 月,工业和
信息化部印发的《"十四五"工业绿色发展规划》提出全面提升绿色制
造水平的主要目标,以实施工业领域碳达峰行动为引领,着力构建绿
色低碳技术体系和完善绿色制造支撑体系。2022 年 10 月,党的二十
大报告重点强调,高质量发展是全面建设社会主义现代化国家的首要

任务。从这一系列的行动中可以看到中国对制造强国战略的重视程度。未来几年，是落实制造强国战略的关键时期，是实现绿色工业最重要的时期。人类共同面对环境污染与资源短缺的问题，这要求全球的主要经济体都应走一条可持续的绿色发展之路。国家之间的竞争，很大程度上取决于对环境资源的利用率，所以为了提高国际竞争力，也应当注重绿色发展。全面实施绿色制造是制造强国建设的战略任务，也是推进供给侧结构性改革的重要举措。

2.绿色制造的技术载体

绿色制造关键是制造技术的绿色化，这就需要将传统制造中的技术应用绿色化，通过对传统技术的重新设计实现制造技术的转型升级。我国绿色制造战略的提出是基于新工业革命以及发达国家再工业化战略举措的背景提出的，基于此，由工业和信息化部会同国家发改委、科技部、财政部、国家市场监督管理总局、工程院等部门和单位共同提出了"中国制造2025"战略部署。"中国制造2025"要求重点突破包括新材料、生物、信息技术在内的十个关键领域，制定了"五条方针"，实施"五大工程"。在全球工业4.0浪潮的背景下，"中国制造2025"剑指工业强国是我国传统制造业的绿色转向。

绿色技术作为推动绿色制造发展的技术载体，是完成绿色生产力的核心和基础。一方面，绿色自然技术为绿色制造的实现提供"硬"技术支撑，通过渗透于绿色制造所涉及的物质要素之中，为绿色生产力从潜在向现实的转变提供可能。比如，劳动者作为生产力要素中的关键因素，绿色技术是其检验和修正理念、意识的实践工具；劳动对象是绿色制造发展的物质载体，绿色技术是劳动主体作用于劳动对象的中介，助力绿色的物质转化。另一方面，绿色社会技术为绿色制造的实现提供价值引导。绿色社会技术所承载的生态价值观应用于绿色制造的发展过程，输入绿色发展的价值理念，在产品制造的全过程规避片面突出价值的弊端，全面衡量产品的使用价值、生态价值、审美价值等多维度价值,既要强调人的价值,又要避免落入"人类中心主义"牢笼,无限追求人的价值与自然价值的融通。

3.设计技术:绿色制造发展的核心

制造的核心是产品,产品的核心是设计。产品设计指在产品的整个生产过程之始对产品的各项属性的设计、生产过程中的各项指标以及售后等产品的全部生命周期的规划和管理。将设计技术体系中所包含的绿色设计理念与绿色设计方式应用于产品的制造过程中,对实现绿色制造发挥着至关重要的作用。首先,在产品的方案设计方面,建构面向环境的设计。产品方案设计主要是综合了产品结构、材料、方法、产品类型等各方面的选择与设计。需要同时兼顾产品功能、质量与产品制造所需资源的最大化利用、最小化污染标准。比如在产品结构设计中,为了减少资源的消耗和浪费以及减少对环境的影响,需要从三个角度简化产品结构:一是采用多功能的综合性零件,包括简单的连接方法,以减少整体装置零件数;二是优化构件布置,就是不断改变和适应构件的相互位置关系及其相关尺寸的大小,使产品的整体尺寸、体积和重量相对减少;三是改善构件受力状况,减少因构件破坏失效而造成的资源损失等,因为不当的产品材料可能会对环境造成很大的影响和污染。再比如选择产品材料时,需要考虑从材料的制备、加工、使用以及报废处理等材料的整个周期。其次,在制造环境设计方面,制造环境中设备和设施的构成、布局等也会在一定程度上影响资源消耗、人们的工作环境状况及外部环境。例如,能耗大的设备不仅直接造成资源浪费,而且也会对环境造成一定污染;不合理的设备或生产线布局可能难以优化产品工艺路线,从而浪费资源;车间的恶劣环境不仅直接影响生产环境和员工的情绪与身体健康,而且还可能导致某些事故发生。这方面的工作既是一个技术问题,也是一个管理问题,应从这两个方面综合考虑。再次,在工艺设计方面,对制造加工方法和过程的优化选择和规划设计,包括工艺方案优化和工艺参数优化两方面内容,不仅要从各种可供挑选的工艺方案中选出最好的方案,还要根据所要求的工艺要求和水平,择优选择该制造加工过程的有关工艺参数,使运行加工过程得以优化,如对切削加工工程的切削用量进行优化。最后,在包装方案设计方面,要优化产品包装以产生最少的资源消耗和废弃物。例如,采用可以进行二次利用的包装材料和包装结构,使得包装可重复使用;采用可回收处理和再生的包装材料,尽可能地减少包装废弃物对环境的污染;改善优化包装方案和包装结构,尽可能地减少包装材料消耗;等等。

(三)设计技术与生活方式绿色化建构

设计技术的理念与方法,除了通过完成绿色生产、绿色制造而间接作用于绿色生活方式的建构,还能够直接影响生活方式的改变与形成。根据技术与生活的天然联系,可以在设计技术的干预下提供更多的绿色技术,满足生活方式绿色化的现实需求。

1.技术本身与生活的天然联系

技术本身与生活本身具有天然的联系。自从人猿相揖别,技术便与人类如影随形。技术与人类产生关系的具体形式为,被设计出来的技术在满足人多样化的需求同时,也潜移默化地构建着人们的生活方式;与此同时,人类不断形成和变革的生活方式也在技术的设计过程中被反向输入,以满足人类与时俱进的需求。在技术的设计逐渐成为由附属于技术的构件到专门的构件而贯穿所有技术的发生与发展过程中时,与技术同样形成紧密关系的生活方式也在逐渐与技术设计融合,进而形成了生活方式—技术设计—生活方式这样一个庞大的双向动态循环系统。

原创于日常生活之中的技术不易在生活世界中发生"异化",但产生于实验室中的技术既可能与大众的生活相吻合,也可能跟他们的生活,特别是他们感性的日常生活相背离(如当今的电视和网络)。原始社会的技术与人们的日常生活通常有着直接而密切的关系,它们产生和形成的条件是具体而非抽象的,它感兴趣的是"此时"和"此地",它所解决的问题很大程度上依赖日常生活世界的具体需要,因此它的需求是多样的,制作则是少量的。而发生于工业革命之后大量涌现的现代技术与人们日常生活的关系则往往是间接的,技术的发展被少数技术人员和掌握资本的人员把控,摆脱了日常生活的各种偶然性问题与需要,需要他们解决的不是与具体情景有关、存在于人们身边的"此时"和"此地"的问题,而是与日常生活世界保持一定的距离。由此导致双重后果:一方面,普通民众对现代技术,特别是对一些高新技术总是具有一种陌生和恐惧感(当然也有好奇心);另一方面,现代技术遗忘了自己与日常感性生活的关系,在技术发明和设计时主要考虑科学上是否可行、经济上是否有利。一旦技术设计脱离日常生活世界和转向科学的方法,设计就成了独立、抽象的设计。在科学技术中设计与实际的生产过程表现出一种不断分离的倾向(越是大型和尖端的技术这一点就表现得越明显)。生活对技术设计的需求不再有分量,技术设计的动力也不再来自生活的需求。一切技术的设计、发展开始以生产力、经济利益为动力,技术设计师通过技术物质力量将科学反作用于生活世界。人的生活世界由技术理论和技术活动所描画的技术图景构成,整个生活世界成了被技术垄断和控制的世界。当我们被越来越高级的技术所带来的产品、更丰富的生活形式所迷惑时,却看不到人类和他们的生活已经受雇于不同的技术系统,技术环境取代了自然环境。与此同时,技术设计也不再自由,被经济效益、生产力所绑架。如胡塞尔所说的,尽管科学遗忘了自己与生活世界的关系但仍然奠基于生活世界一样,现代技术虽然也遗忘了自己与生活世界的关系但它们仍然奠基于生活世界。因此,在推动绿色生活方式形成的过程中,更需要设计技术发挥作用,提醒技术与生活世界、人的相关性。

2.绿色生活方式的技术需求

2015年,《中共中央、国务院关于加快推进生态文明建设的意见》

给绿色生活方式下了明确定义:"广泛开展绿色生活行动,推动全民在衣、食、住、行、游等方面加快向勤俭节约、绿色低碳、文明健康的方式转变,坚决抵制和反对各种形式的奢侈浪费、不合理消费。"人的生活方式是依赖于技术的,技术在人与自然的居间地位决定了任何生活方式都是对技术的使用方式。从这个意义上说,绿色生活方式也就是要变革过去支撑不可持续生活方式的技术供给。2015 年,环境保护部印发的《关于加快推动生活方式绿色化的实施意见》也进一步明确,要明显加强全民生活方式绿色化的理念,初步建立生活方式绿色化的政策法规体系,不断增强公众践行绿色生活的内在动力,最终要在全社会实现生活方式和消费模式向勤俭节约、绿色低碳、文明健康的方向转变,形成人人、事事、时时崇尚生态文明的社会新风尚。由此可见,服务生活方式绿色转向的技术要在设计理念方面进行绿色转变,这是为了满足绿色技术生态意向的转变需求。人的生活世界不是单纯的由自然技术构成的技术人工物的世界,也是由相应的社会技术进行调节与规训的制度世界。在广义技术范围内讨论绿色生活方式的技术需求,既需要有绿色的自然技术也需要有绿色的社会技术。只有在二者协调一致的发展过程中,才能实现推进绿色生活的方式转变。

二、设计技术与生态文明制度的发展

人类文明形态正在步入生态文明阶段,生态文明建设必然突出生态所具有的绿色本源,因此,绿色发展成为建设生态文明的一个基本要求。生态文明制度建设是绿色发展完成的制度保障。目前我国生态文明建设取得了一定的成就,但不可否认的是,我国粗放型经济发展方式还没有从根本上扭转,拼资源、拼环境消耗导致的生态恶化还没得到有效遏制,生态治理很多地方还停留在"头痛医头、脚痛医脚"的末端治理阶段。生态文明建设、绿色发展的实现需要在制度和机制方面进行顶层设计和具体保障,可以说在绿色发展的追寻过程中,生态文明制度具有本源性意义。2016 年,习近平总书记对生态文明建设作出重要指示,强调"要深化生态文明体制改革,尽快把生态文明制度的'四梁八柱'建立起来,把生态文明建设纳入制度化、法治化轨道"①。这既是一项全面而系统的工程,也是一场全方位的变革,具有很强的综合性、系统性,标志着生态文明建设开启了系统治理体系的新时代。加快建立"四梁八柱",既体现了建设生态文明迫切需要生态文明制度发挥作用,也体现了目前我国生态文明制度体系建设依然任务艰巨。

(一)生态文明制度的时代价值

现代社会的发展各个方面都有其相应的法律制度体系,这些制度体系已经基本完善,为人们的行为提供准则,约束人的行为。生态文明制度的目标是构建生态文明社会,制度的完善可以加速生态文明进程,使人和自然和谐统一,使经济发展和生态环保协同并进,真正实现可持续发展的目标。作为一种社会技术,生态文明制度就是要在社会范围内以人与自然和谐为宗旨,保障人类经济社会发展的持续性。自工业文明以来,我们的制度体系基本走到了极限处,这是因为外部环境的改变以及生产力的快速发展更替,传统的工业文明制度体制框架已经不再适合现实情况。《中国 21 世纪议程》不仅涉及通过经济增长和科学技术的进步来推进可持续发展战略,还有通过制定适合的生态政策和生态文明制度来促进可持续发展。基于人类对社会规律的把握,逐渐改革传统的社会发展模式,生态发展模式将会是新的发展模式,需要一套完善的制度体系支撑其基本的运行。生态文明制度是后工业时代社会文明形态变革的产物,还有许多不完善性,但其从确立

---

① 中共中央文献研究室编:《习近平关于社会主义生态文明建设论述摘编》,中央文献出版社 2017 年版,第 109 页。

之初就已经明确了自身的生态指向,在社会范围内规范人类的交往行为,成为人类生产生活、国家社会治理的行为准则。

　　生态制度并不是僵死的制度体系,它是不断发展的制度体系,不同的条件、不同的环境、不同的文化等需要相应的生态文明制度,并且需要对制度进行不断创新,创新的结果当然是生态价值的增长。生态文明制度的首要价值就是变革人类社会发展的价值取向,摒弃狭隘的"人类中心主义",在"人类中心整体价值论"的基础上,保证社会发展的方向与目标,将社会群体的行为嵌入生态制度的框架,保障整个生态沿着生态文明制度所指引的方向发展。生态文明制度创新理论类似于经济学中不断创新经济组织管理方式,以适应不断变化的新环境,促使经济增长。无论是经济价值还是生态价值,都需要及时地做出制度调整,以应对环境的变化,只有如此才能创造更多的价值。生态制度创新在创造生态价值的过程中具有至关重要的作用,生态制度创新会带来极高的收益,而极高的收益会吸引更多的资源投入,丰富的资源又进一步促进生态制度的创新,这就使生态文明制度不断创新向前发展,并且也使经济收益不断增加,形成良性循环。

(二)生态文明制度是绿色技术范式的高阶表现

1.技术范式是一种制度性事实

　　技术范式的制度属性可以通过"制度性事实"理论来解释。19世纪60年代末期,美国学者塞尔针对原始性事实的概念提出了制度性事实的概念。其中原始性事实是指通过直接经验观察而获得的自然科学认知。能够归类为制度性事实必须满足三个基本标准:首先,要具备道义权力(权威);其次,要具有内部结构或构成性规则;最后,要具有"X在情境C中看作Y"的内在"构成性规则"。[①]

---

① 宋春艳:《论制度性事实的建构:从言语行为理论观点看》,2009年清华大学博士学位论文。

结合范式所蕴含的特点,基本符合制度形式的三个基本标准和特点。首先,范式蕴含了道义权力——权威。不同时期不同学科形成了多种类型的范式,而这些范式形成的关键标志就是呈现出一种统一的权威性和规定性的信息,成为该范式的共同体展开研究的出发点以及展开方式遵循的共同规则。只有遵循这一权威的成员才能成为该范式共同体的成员。技术范式作为范式的一种,其权威性是无形的,当受到新的技术形式或技术理念的冲击时,这种无形的权威会驱使技术共同体站出来维护原有的技术范式,技术范式的权威逐渐形成并且在斗争中稳固和加以体现。其次,技术范式具有相应的内部结构和规则。根据前文分析,技术范式形成于"硬核"与"保护带"二层结构的互动过程中。技术范式的"保护带"作为技术范式"硬核"嵌入社会并与社会因素进行磨合的缓冲区域,迎合技术群的需求,既扮演着引导技术创新方向的"导航仪"角色,又扮演着将技术范式的"硬核"应用于社会的"传输带"角色,为"硬核"提供规范和指导,为技术范式筛选、保留更具优势的"硬核"。最后,技术范式具有"X 在情境 C 中看作 Y"的内部结构。多西将技术范式定义为解决所选择的技术经济问题的一种模式。技术范式中的"硬核"部分(X),在技术范式所处的不同的时代背景下(C),被看作是谜题解答的手段(Y),也就是看作不同的"硬核"—"保护带"范式(Y,"硬核"中的技术群,是由某些具有前瞻性的哲学家、技术创造者等技术共同体公开提出来的,能解决"硬核"—"保护带"范式中产生却无解的状态中的某些问题)。技术范式既具有技术共同体达成统一认知的共识权威,又具备明晰的内部结构,还具备为不同的时代问题提供解决方案的技术能力。因此,可将技术范式看作一种制度性事实,有利于了解技术范式的本质,从而为进一步探究技术范式的社会属性奠定研究基础。

2.制度是技术范式的社会表达

根据塞尔对"是"—"应该"推导论证的逻辑分析,可以了解到"制度性事实预设了某种制度"的观点。塞尔曾用"构成性"规则和"调控性"规则来说明,制度性事实存在的情况下,在人类制度下的"制度"是什么。其中"调控性"规则是调控现在存在的活动;"构成性"规则不仅具有调控性,而且还创造了某种活动本身产生的可能性。从狭义上来说,在塞尔看来,制度所指正是"构成性"规则,"制度性事实只有在构成性规则的系统内才存在"①。在人与人之间的行为规范基础上,制度与技术在社会运行中(技术范式)对人类存在状态与人类交往模式的改变产生着类似的作用。技术范式作为一种制度性事实,所包含结构中的"硬核"嵌入社会之时,在与各种社会因素耦合的过程中,无法避免与社会制度产生紧密联系。在作为"自然选择"的技术扩散过程中,市场选择、政府选择、文化选择等选择力量都可以看成是社会环境选择,也可以看成是广义的制度选择。不同的社会环境选择意味着对技术本体适应度的判断标准大不相同,因而可能会造成迥异的技术选择结局,从而形成不同的技术范式。正如拉坦所强调的"制度在技术变迁的形成与扩散中起着重要的作用,而且它们是技术努力与生产率增长方向发生偏差的重要原因"。受到社会制度的选择与保障之后,推动逐步形成对"硬核'成熟壮大产生有利影响的'保护带",从而形成完整的技术范式的二层结构。制度性事实的存在需要人类特有的制度,离开这一系列制度,制度性事实将不成立,而技术范式二层结构从产生到成熟,再到标志技术范式的最终形成,都离不开广义的社会制度的影响作用。这是制度性事实区别于原初性事实的标准,也是技术区别于技术范式的标准。实际上,从制度性事实与制度之间紧密的逻辑联系来看,从"技术范式"到"制度"的转化关系,也就是规则从潜在到现实的转换,从主观内容到客观形式的转换。

技术范式的形成离开"构成性"规则的大背景则不复存在,但除此之外,技术范式与制度之间还存在更紧密的联系。按照伯格曼的观

---

① 塞尔:《社会实在的建构》,李步楼,译,上海人民出版社 2008 年版,第 35 页。

点,技术本身可以作为人们之间关系的存在模式,也调节着人与自然的关系。从这两种关系的规范与约束中可以看出,当把技术作为一种社会建制嵌入社会的整个大环境时,"硬核"与"保护带"成熟之后组合而成的技术范式的规范性功能就体现出来了,这种规范性存在于行为者所属群体的共同实践中,也就是在技术共同体内发挥权威作用的因子,这种规范性在一定意义上成为制度发生的一种雏形。技术范式在社会中,潜在地规范和影响着人们的行为方式和社会组织形式,而社会制度恰好充当了技术范式的这种直接社会表现。单一具体的技术无法直接与抽象的社会建制发生关联,但在技术的社会运行当中,这种关联性影响确实存在,那么整个作用机制的关键环节,就在于技术以范式的形式通过制度与社会上的其他要素发生关系。从历史的角度看,技术范式与制度这种转化与互动的逻辑关系,符合技术在人类社会发展过程中的实证检验;从逻辑的角度看,技术范式与社会制度的相互作用是建立在技术自主性和社会建构基础之上的。因此,我们可以说,制度是技术范式的一种社会表现。

(三)推动设计技术、绿色技术范式、生态文明制度的协同演化

技术和制度是人类文明发展的两个重要向度。技术推动人类社会的变革,为文明转型提供强大技术支撑,技术的前进也伴随着社会制度的变迁。与此同时,社会制度的变迁也在一定程度上助推技术的发展,社会制度通过引导理念、塑造思维、激励政策、优化市场和提升文化等途径,引导技术朝着多层次、立体式、系统化的结构发展。

首先,以设计技术推动绿色技术范式形成,进而支撑生态文明的制度建设。生态文明是具有广泛内涵的且更为高级的人类社会文明形态。从技术维度分析,生态文明应该具有绿色技术的支撑,是在绿色技术的社会运行中形成的一种与绿色技术范式相呼应的文明形态,

这种文明形态与之前的渔猎文明、农业文明以及工业文明之间是一种延续与超越的关系,在一定程度上还存在着相互的渗透。绿色技术范式是对之前传统技术范式的超越,要求技术在结构、思维、评价体系上的绿色化,同时也要有内生的、整体的、有机的自然观作为总体支撑。绿色技术的源头设计、过程生产以及终端应用都必须以生态学的规律为指导,注重研发的规范,还要考虑技术对环境的影响以及自然环境的生态承载力等,以生态保护、生态美好为出发点,将技术应用对环境的负面影响降到最低,实现最佳生产、最优消费、最少废弃,达到人与自然的美美其美、美美与共。

其次,发挥生态文明制度对设计技术、绿色技术范式的引导作用。生态文明制度建设是使生态文明思想落地的有效保障,无论是顶层设计还是具体的制度体系,一旦落地就会让生态文明的建设不单单停留在理念的层面,这样一来,尊重自然、顺应自然、保护自然将会成为实际,并且潜移默化地融入、渗透具体的设计技术过程。比如,生态制度的完善程度会影响设计技术过程中技术选择的正确性。这里强调的是,在制度制定之后,很容易影响某一特定技术的知识水平和竞争能力,也就是说,技术的成长速度、路径选择、是否被选定或者淘汰都将受到背后支撑它的制度结构的影响;良好的生态制度会对相应的绿色技术起激励作用;生态制度会影响绿色技术的创新速度和扩散速度等。

最后,形成设计技术、绿色技术范式和生态文明制度的双向互动机制,实现协同演化模式。一方面,技术范式与制度的协同演化是一定条件下的技术进步与制度创新,是一个双向因果作用下的互惠过程。生态文明制度建设既不是一蹴而就的,也不是一劳永逸的,生态文明制度发展有其自身的成长性,而这种成长性需要伴随着绿色技术范式的不断发展。另一方面,技术范式具有高度的规模系统性,存在潜在风险后果集聚性的缺陷,因此生态文明制度对绿色技术范式的规范性保障是必要的,有必要将协同演化的思维方式应用到绿色技术范式与生态文明制度的关系中。进一步明确绿色技术与生态制度之间的选择与被选择、制约与被制约的关系,这不仅要顾及生态制度对绿色技术的塑造作用,也要审视制度与技术之间的相互配合、相互匹配,要实现理论和实践、政策和产业之间的协同演化。在践行设计理念的同时,也要出台和制定相适应的制度,促进和保障绿色技术发生与发展,助推绿色技术成果的实际转化和现实应用。

三、设计技术与人的自由全面发展

设计技术从低到高有三种境界:第一种是创造使用价值,第二种是创造价值,这两种价值对应的是生存和发展的价值,而在这之上是设计技术的第三种境界,即设计技术要追求的价值旨归应该是实现人类自我价值。这与马克思人的自由全面发展观主旨提倡的实现人的全面发展一致,使人在巨大的物质诱惑、强烈的技术依赖面前保持心灵的澄澈和人性的尊严,努力让每个人参与设计技术过程,使人的多样化需求、创造性能力得到自由而全面的发展。

(一)技术视野中的人性沉思

跨进 21 世纪的门槛,回首已经走过的历程,人类在陶醉于文明成就的同时,发现自己正处在四面楚歌之中:人与自然、人与社会、人与自我这三大关系的危机正在将人类推到生存的临界点上。人类追求幸福的同时也在自己头上悬了一把达摩克利斯之剑,日益发达的科技文明不断地打开潘多拉盒子:"机器具有减少人类劳动和使劳动更有成效的神奇力量,然而却引起了饥饿和过度疲劳……技术的胜利,似乎是以道德的败坏为代价换来的。随着人类愈益控制自然,个人却似乎愈益成为别人的奴隶或自身的卑劣行为的奴隶。甚至科学的纯洁光辉也只能在愚昧无知的黑暗背景上闪耀。我们的一切发现和进步，似乎结果是使物质力量具有理智生命，而人的生命则化为愚钝的物质力量。"①对于技术异化问题的思考和解决，无法绕开技术与人之本体之间的关系问题。

在此问题上，向来存在悲观主义和乐观主义两大派别。从 19 世纪的"人本主义"思潮到 20 世纪的法兰克福学派，从罗马俱乐部到后现代主义，乃至世纪之交的科技与人文、科技与伦理的大讨论，似乎对技术都有意或无意地表达了消极、悲观的判断，然而，这些判断并未在行动中抑制技术的发展，技术反而加速地向前飞奔。乐观主义实际上是科技发展的关键推动者，人类的命运也因此而与科技发生了密切的联系，发展到现在人类对技术的依赖程度。其实在技术与人的发展关系问题上，应该掌握一个合理的度：适当的悲观，以便发现问题、增强整体意识、忧患意识以及解决问题的紧迫感和责任感；适当的乐观，以便增强克服困难、争取幸福的信心，挖掘人类的优秀智慧，在与技术的交往过程中完善自己，而不是逐渐沉沦。在科技与人类关系日益密切的进程中，技术给人的感性、理性、价值观等带来的影响是现实的，回避和无视是盲目的乐观，结果将是"盲目骑瞎马，夜半临深池"。但是如悲观主义者一样，一味夸大问题，结果必然是畏畏缩缩、裹足不前，不但对解决未来技术何去何从无济于事，更会抑制人类的创造力。科技发展可以说越来越复杂、越来越深入人类自身，抱有一种负责任的态度，对技术做一次不计"功利"的沉思，使之在人性"澄明"之境显现其本体状态，并探寻技术与人类之间的正向作用是有深刻意义的。

(二)设计技术与人性的辩证关系

在前文中已经分析过，人、技术分别在技术设计这项活动中扮演

---

① 马克思,恩格斯:《马克思恩格斯全集(第十二卷)》,中央中共中央马克思恩格斯列宁斯大林著作编译局,译,人民出版社 1962 年版,第 4 页。

主体、客体角色,是完成技术设计不可或缺的重要角色,在不断开展的设计实践中,设计与人的发展形成了紧密的辩证关系。

　　一方面,二者之间存在双向的动力关系,主要表现为技术的人性化和异化与人性的提升和异化之间的相互作用。人类的基本生存需要从根本上推动了技术存在于人类维持其自然肉体基本生存必需的物质资料生产劳动之中;人欲望意识系统的好奇心和求知欲是无穷的,使人类天然地、自发地趋向去求解人们能够实际探测到的,甚至能够想象到的一切宇宙奥秘,而现有的技术发展水平与人类探测需求永远存在不对等;人类交往也需要技术的供给,人的社会关系本质决定了人必须通过广泛的社会交往,与越来越多的人进行物质、情感和思想的交流,这就推动技术在改善交通和通信工具等方面不断进步;人类享受和发展对技术的需求,这里主要强调的是人类精神世界的享受和发展,只有技术不断为人们提供自由地挖掘和发展自己的条件和机会,才能满足人类的精神需求。无论是在人类的哪个需求层次上出现物性大于人性的转变,都会将本应该科学合理的动力关系变成技术自身固有的纯粹逻辑理性、技术的神化与异化的人性之间的相互驱动。

　　另一方面,二者之间存在相互的规约关系。技术能够为某些社会问题的解决提供更便捷、更直接的方式,但是绝对不能成为主导社会问题发生与走向的因素。解决一切社会问题的主体必须依然是人,需要人自身内在卓越的智慧和道德,需要人文价值的公式和共同伦理的实践。从历史上看,技术在多数时间里一直是以人类的物性为对象,以拆解和组合物质为主流,但是进入 20 世纪以来,技术的设计走向日益触及人性的自然前提和物质基础,使原本已经十分复杂的人性系统更加具有不稳定性和不可预见性。这也意味着,对于技术的设计亟待转向人类自身的人性,将技术的设计放到一个适当的社会文化方位之中,让技术理性内化于人类的人文道德价值理性,服从于生态文化和生态文明整体发展的规律和规则,以完善和提升人的自由全面发展为设计技术发展和应用的最高目标。在对技术的设计过程中,始终不能逾越的界限受人性整体严谨升华的内在机制和规律的制约,任何越界的设计都将成为人类和技术的掘墓者。这些既是人性的设计技术所应遵循的几个前提性原则,也是人性对技术的内在规约,这种规约的深层根据正是人性必须关注自身的自由全面发展。

(三)以设计技术推动人的自由全面发展

所谓人性,最根本的是人的主体性,也只有当人作为主体从事某项活动时才会发生和形成。此时在技术与人的活动关系中,形成了生态的循环作用机制。人作为主体的本质力量在设计技术的过程中获得并增强,主体的多样性利益和需求也在活动过程中得以表达、实现和满足,在活动主体的进步过程中,技术设计的理念、方法等内容也得到了系统性的完善。

我们当前的技术发展整体依然处于现代技术范式中,技术依然在机械、线性地形成,从眼前的、局部的、个体的和纯商业化的利益角度,从自然体和自然属性上解构人性。技术的发生发展确实存在如此之多的问题,但是放弃技术无异于因噎废食。技术的种种异化实质上是设计的异化,完善和弥补技术设计不足的方向就是建构、践行设计技术的理念、方法、价值观等,在技术的干预下,使技术的发展和应用更具有综合化、有机系统化和非线性化的精神,更具有复杂的人性系统及其与环境之间整体统一的观点,从更长远的、整体的、非商业化的人类公益角度解决问题。

以历史的眼光来看全人类的发展状况,不管是何种组织形态的社会,在充分享受技术带来的各种方便和舒适的同时,都要接受它的各种负面后果。技术作为人类"假于外物"的产物推动或"肢解"自我,而对自我正向意义上的整合和提升鲜有帮助。在现代技术范式中设计供给出的技术是销匿个性、寻求共性的结果,模式化、同质化是其重要特点。从人性系统的发展规律看,人的正当合理的需求能够使技术成为推动人性系统健康演化的动力；而人类的欲望对需求的扭曲形成人性系统演化的陷阱，不能通过技术的途径消除技术与人的对立，使人性丧失于貌似人体的技术设备之中。人们目前所觉察到的技术压迫感，实际上是在不完备的设计参与下形成的技术，对人自身的"连根拔起"，对人之整体的"拆除"，对人性系统和环境整体的毁灭，而这种对人性的生命前提超越自然进化的人为突变，是目前现代技术范式所无法预测和把握的，导致人类在技术强烈的自主秩序中，被技术不断地反设计，而人类重新燃起自由的意识时，却无法求助于现有的技术得以解决。

这一现状的解决，必然要从人参与技术的设计过程中探寻解决办法。从实践的角度理解人和技术发展，就是要把人和技术都作为活动的关系过程来解决，这个过程必然有其活动的主体，这个主体必须归置在人身上。人需要在设计技术的过程中发挥的主体性是人性而非物性。此时在技术与人的活动关系中，形成了生态的循环作用机制。人类作为设计的主体，不应该再去着急创造更多不需要的附加使用价值，而是应该思考人类真正需求与技术产品的供给之间还有多少空白，还有多少发挥的空间。除此之外，关涉技术的设计这一实践活动，人类这一整体的内部是由与设计发生不同联系的相关群体组成的。强调人在参与设计的过程中完成更加自由全面的发展，在技术产品的设计过程中，某项技术以及技术产品的消费者需要转变思维，既可以化身为用户，也可以化身为产品开发者，而技术过程需要完成的设计环节，也应该给技术的最终使用者留一些设计空白。这绝不是提倡取消专业设计工程师的提议，而是让设计参与主体逐渐异质化，让设计成为一种流行，只有人人掌握设计式思维，有意识地运用这种设计式思维，我们才不会若无其事地无视技术的供给，被动地接受技术产品。只有此种模式下，一切真正主体性的活动才能实现不仅是属于人的、通过人的，而且是为人的、服务人的。

第六章 结 论

本书针对技术异化问题,从设计的角度完善技术设计的内容,提出设计技术概念,拟形成推动绿色技术、绿色技术范式的有力支撑,是对国家社科基金重点课题"绿色技术范式与生态文明制度研究"的进一步研究。该课题的研究成果显示,绿色技术范式与生态文明制度存在相应的互动机制,但是对于绿色技术范式和生态文明制度内容的具体形成过程、核心影响因素等问题没有进行更详细且深入的研究。正是基于这一未完成的部分,本书在定义了广义技术的基础上,探索了在技术的形成与发展过程中起关键作用的因素——技术设计,从设计的角度寻找应对技术的异化、技术范式失范、生态文明制度失效、人受控于技术等问题的解决方式。通过本书五个章节的论述,得出以下几点结论。

一、技术设计与技术范式之间存在互动机制

本书通过分析技术设计与技术范式演变的规律和特征,发现二者之间存在紧密的相关性,在客观扬弃技术和技术范式变迁的现有分析框架的基础上,建构技术范式发展的技术设计分析框架,并从微观层次分析了技术设计与技术范式之间的互动机制。技术范式是一个具有自然技术自身的"硬核"和社会要素构成的"保护带"的二层结构,在一定程度上,技术范式可以看作是广义的由自然技术和社会技术构成

的复合性存在。这种广义的技术本身就决定了,当人对技术进行设计时,既要考虑自然技术的属性,也要考虑社会技术的属性。在对自然和社会两种技术进行设计时,技术范式以特定规范性对设计形成了一种特殊的权威作用。即从"硬核"角度技术自身的发展彰显着设计的技术理性,而对于"保护带"的社会要素构成,则体现出政治、经济、文化等社会因素对技术自身选择的价值逻辑。反之,技术设计系统是人对于技术自身形成的范式的一个输入过程,这个过程反映人的价值和目标,同时作为技术范式重要输出的技术的规范作用以及由此过程中的技术人工物有对人的技术设计提供重要的反馈作用。正是在这个输入与输出的过程中,技术范式以"硬核"与"保护带"之间的相互作用,完成了技术自然与社会要素之间的相互选择。整体上呈现出一种广泛意义上的自然技术与社会技术之间的互动。技术设计与技术范式都是一个动态发展的过程,技术从其发生的最初就有着人为的设计,成为技术范式所形成的系统的内生变量,并与技术本身、科学发展和社会精神三个实质性要素共同形成了技术范式的自组织系统。其中,科学发展是技术范式得以存在和发展的前提和基础,技术本身和社会精神分别为技术范式发展过程中的两个耦合变量,二者在技术范式的不同发展阶段表现出变化的张力现象。在技术范式的系统中,技术设计则是其自组织调节的重要表现。

二、设计技术是对技术设计的合理超越

在传统技术哲学对技术本质的认识和对技术异化问题的思考出现较大缺陷的背景下,技术哲学研究出现了"经验转向",技术设计作为技术哲学的经验转向所指涉的重要概念,引导研究者将目光聚焦到技术本身所展现的基本特性。然而指导技术设计的具体实践方式和思想,仍然受传统技术哲学理论的影响。对技术的设计实践是贯穿技

术发生、发展、应用与解构全过程的构件,因此对技术的生命阶段、内在逻辑以及影响因子的认知是形成技术设计方法的主要依据。对技术本质认识的缺陷直接导致了技术设计的局限性,其中影响最大的为技术自主论和技术社会建构论,二者对技术发生与发展等过程的动力和逻辑均存在片面性认识,这直接导致了技术设计的实践出现了设计主体、设计客体和设计过程的缺陷,再加上受限于科学发展水平、技术发展水平以及多年来受资本、技术绑架等因素的影响,人的理性也存在一定的不完备性,导致技术设计并没有解决技术异化的问题。

针对这一严峻的问题,本书针对技术设计的局限,分析造成技术设计局限的原因,创新性地提出了"设计技术"的概念,通过进一步打开技术的内部结构,深入了解技术的发生与发展的逻辑,技术范式的二层结构通过建构为设计技术提供周全的分析框架,提出完成设计技术的实践路径,即构建面向人本和生态的设计原则;从制度、政策、预测评估等角度营造形成设计技术的"小生境";结合新时代大数据技术、虚拟现实技术、人工智能技术等进一步提高人类的理性。

三、设计技术是推进绿色发展的重要工具

基于技术设计与技术范式的互动关系,设计技术相对应的就是绿色技术范式。从技术设计到设计技术的转换,是现代技术范式向绿色技术范式转换的根本动因。因此,根据设计技术—绿色技术范式—生态文明制度、设计技术—绿色技术范式—绿色发展方式、设计技术—绿色技术范式—人的自由全面发展三组关系范畴,在设计技术的推动下形成的绿色技术范式,为生态文明建设、绿色发展方式和实现人的自由全面发展输出绿色技术支撑,比如提供降低污染、支持循环发展的绿色低碳技术,提供服务生活的绿色产品,服务生产的绿色制造技术;绿色技术范式作为制度性事实为生态文明制度建设提供基础与依

据;绿色技术范式中的人本内容促进人不断从技术的秩序中解放出来,设计技术实践过程中一切都是属于人的、通过人的,而且是为人的、服务人的,推动人走向更加自由与全面的发展。与此同时,不断形成中的生态文明制度、绿色发展方式和自由全面发展的人类又会反过来为设计技术、绿色技术范式提供新的保障、新的思路和更理性的主体。如此,三对关系范畴便形成可持续的双向互动关系,这既是对设计技术内容的合理性进行的现实检验,又是不断补充与完善设计技术理念和方法的过程。

参考文献

阿瑟:《技术的本质》,曹东溟,王健,译,浙江人民出版社 2014 年版。

拜尔茨:《基因伦理学》,马怀琪,译,华夏出版社 2000 年版。

波兹曼:《技术垄断:文明向技术投降》,蔡金栋,梁薇,译,机械工业出版社 2013 年版。

操秀英,王星,吕栋:《科技伦理治理的基本构成与实践思考》,《中国科学基金》,2023 年第 3 期。

陈昌曙:《技术哲学引论》,科学出版社 1999 年版。

陈凡,陈多闻:《文明进步中的技术使用问题》,《科学技术哲学研究》,2012 年第 2 期。

陈凡,张明国:《解析技术》,福建人民出版社 2002 年版。

陈凡,朱春艳,赵迎欢,等:《技术与设计:"经验转向"背景下的技术哲学研究——第 14 届国际技术哲学学会(SPT)会议述评》,《哲学动态》,2006 年第 6 期。

陈圻,陈国栋:《三维驱动的创新驱动力网络:一个元模型——设计驱动创新与技术创新的理论整合》,《自然辩证法研究》,2012 年第 5 期。

大智浩,佐口七朗:《设计概论》,张福昌,译,浙江人民美术出版社 1991 年版。

丁旭,孟卫东,陈晖:《基于技术风险的供应链纵向合作研发利益分配方式研究》,《科技进步与对策》,2011 年第 20 期。

杜威:《新旧个人主义》,孙有中,蓝克林,裴雯,译,上海社会科学院出版社 1997 年版。

多西等编:《技术进步与经济理论》,钟学义,沈利生,陈平,等译,经济
　　科学出版社 1992 年版。

凡登伯格:《生活在技术迷宫中》,尹文娟,陈凡,译,辽宁人民出版社
　　2015 年版。

方世南,杨征征:《从技术风险视角端正技术创新的价值取向》,《东南
　　大学学报(哲学社会科学版)》,2012 年第 5 期。

高亮华:《论海德格尔的技术哲学》,《自然辩证法通讯》,1992 年
　　第4 期。

郭贵春,乔瑞金,陈凡主编:《多维视野中的技术——中国技术哲学第
　　九届年会论文集》,东北大学出版社 2003 年版。

郭芝叶,文成伟:《论技术设计的伦理意向性》,《自然辩证法研究》,
　　2013 年第 9 期。

哈贝马斯:《交往行动理论》,洪佩郁,蔺青,译,重庆出版社 1994 年版。

哈耶克:《通往奴役之路》,王明毅,冯兴元,等译,中国社会科学出版社
　　1997 年版。

哈耶克:《自由秩序原理》,邓正来,译,生活·读书·新知三联书店
　　1997 年版。

海德格尔:《海德格尔选集》,孙周兴编选,上海三联书店 1996 年版。

洪进,余文涛,赵定涛,等:《我国转基因作物技术风险三维分析及其治
　　理研究》,《科学学研究》,2011 年第 10 期。

黄欣荣:《现代西方技术哲学》,江西人民出版社 2011 年版。

贾林海:《从设计的技术研究到设计的哲学研究》,《自然辩证法研究》,
　　2016 年第 2 期。

江作军:《生态伦理学的思想方法初探》,《道德与文明》,2002 年
　　第1 期。

康芒纳:《封闭的循环——自然、人和技术》,侯文蕙,译,吉林人民出版
　　社 1997 年版。

库恩:《必要的张力——科学的传统和变革论文选》,范岱年,纪树立,等译,北京大学出版社 2004 年版。

库恩:《科学革命的结构》,金吾伦,胡新和,译,北京大学出版社 2004 年版。

拉卡托斯:《科学研究纲领方法论》,兰征,译,上海译文出版社 2005 年版。

拉普:《技术哲学导论》,刘武,康荣平,吴明泰,译,辽宁科学技术出版社 1986 年版。

朗格:《情感与形式》,刘大基,傅志强,周发祥,译,中国社会科学出版社 1986 年版。

李伯聪:《工程哲学引论——我造物故我在》,大象出版社 2002 年版。

李超德,束霞平,卢海栗:《设计的文化立场——中国设计话语权研究》,江苏凤凰美术出版社 2015 年版。

李春霞,翟利峰:《哲学视角下科技风险探析》,《理论探讨》,2012 年第 6 期。

李帆:《美好生活的需求满足:城市治理中的生活治理转向》,《领导科学》,2023 年第 4 期。

李娜:《芬伯格技术设计思想研究》,2009 年长安大学硕士学位论文。

李醒民:《科学的革命》,中国青年出版社 1989 年版。

李志红:《关于技术自主论思想的探讨——访兰登·温纳教授》,《哲学动态》,2011 年第 7 期。

里吉斯:《科学也疯狂》,张明德,刘青青,译,中国对外翻译出版公司 1994 年版。

林辉,周勇,董斌:《网络银行技术风险的防范与监管问题研究》,《科技与经济》,2011 年第 3 期。

林慧岳,刘利奎,易显飞:《当代技术社会问题解决的文化进路》,《贵州大学学报(社会科学版)》,2011 年第 5 期。

刘炳昇:《对技术设计活动的发展性评价》,《物理教学探讨》,2013 年第 10 期。

刘宽红:《反思核风险,重视民生安全文化建设——关于核风险及其规避相关几个问题的哲学思考》,《自然辩证法研究》,2011 年第 9 期。

刘瑞琳:《价值敏感性的技术设计探究》,2014 年东北大学博士学位论文。

刘炜,程海东:《论技术设计的进化》,《东北大学学报(社会科学版)》,2014 年第 5 期。

刘炜:《语境论视域中的技术设计研究》,2015 年东北大学博士学位论文。

刘永谋:《哈贝马斯对技术治理的批评及其启示》,《贵州大学学报(社会科学版)》,2023 年第 4 期。

刘志峰:《绿色设计方法、技术及其应用》,国防工业出版社 2008 年版。

柳冠中:《工业设计学概论》,黑龙江科学技术出版社 1997 年版。

罗家德,孙瑜,谢朝霞,等:《自组织运作过程中的能人现象》,《中国社会科学》,2013 年第 10 期。

罗曼:《技术的两面性与责任的类型》,《哲学研究》,2011 年第 2 期。

马克思,恩格斯:《马克思恩格斯全集》,中共中央马克思恩格斯列宁斯大林著作编译局,译,人民出版社 1979 年版。

马克思:《1844 年经济学哲学手稿》,中共中央马克思恩格斯列宁斯大林著作编译局,译,人民出版社 2000 年版。

马克思:《资本论》,中共中央马克思恩格斯列宁斯大林著作编译局,译,人民出版社 2004 年版。

麦克卢汉:《理解媒介——论人的延伸》,何道宽,译,商务印书馆 2000 年版。

芒福德:《技术与文明》,陈允明,王克仁,李华山,译,中国建筑工业出版社 2009 年版。

梅杰斯主编:《爱思唯尔科学哲学手册——技术与工程科学哲学》,张培富,等译,北京师范大学出版社 2015 年版。

梅其君,文罡:《技术自主论思想溯源》,《东北大学学报(社会科学版)》,2007 年第 2 期。

梅其君:《技术何以自主——技术自主论之批判》,《东岳论丛》,2009年第 5 期。

米切姆,霍尔布鲁克,尹文娟:《理解技术设计》,《东北大学学报(社会科学版)》,2013 年第 1 期。

米切姆:《技术哲学概论》,殷登祥,等译,天津科学技术出版社1999 年版。

乔瑞金,张秀武,刘晓东:《技术设计:技术哲学研究的新论域》,《哲学动态》,2008 年第 8 期。

萨克塞:《生态哲学》,文韬,佩云,译,东方出版社 1991 年版。

塞尔:《社会实在的建构》,李步楼,译,上海人民出版社 2008 年版。

绍伊博尔德:《海德格尔分析新时代的技术》,宋祖良,译,中国社会科学出版社 1993 年版。

舍普:《技术帝国》,刘莉,译,生活·读书·新知三联书店 1999 年版。

史增芳:《技术民主化对技术风险的应对及其困境》,《西南科技大学学报(哲学社会科学版)》,2012 年第 3 期。

舒红跃:《对阿伦特技术观的解读与追问》,《自然辩证法研究》,2011年第 8 期。

斯蒂格勒:《技术与时间——爱比米修斯的过失》,裴程,译,译林出版社 2000 年版。

司马贺:《人工科学》,武夷山,译,上海科技教育出版社 2004 年版。

宋春艳:《论制度性事实的建构:从言语行为理论观点看》,2009 年清华大学博士学位论文。

宋文萌:《技术哲学视角下的"造物"与"拆物"》,2013 年大连理工大学硕士学位论文。

孙延臣,秦书生:《关于技术自主论的综述》,《东北大学学报(社会科学版)》,2003 年第 3 期。

唐家龙:《技术预见的实践局限性及其方法论根源》,《科学技术与辩证法》,2008 年第 5 期。

田愉,胡志强:《核事故、公众态度与风险沟通》,《自然辩证法研究》,2012 年第 7 期。

万舒全:《技术设计的人文审视》,《辽宁经济管理干部学院·辽宁经济管理干部学院学报》,2015 年第 6 期。

王伯鲁:《技术文化及其当代特征解析》,《科学技术哲学研究》,2012 年第 6 期。

王华英:《基于马克思实践技术观的技术设计研究》,《科技管理研究》,2013 年第 13 期。

王坚:《数字档案馆技术设计的人性化》,《河北农业大学学报(农林教育版)》,2005 年第 3 期。

王建设:《"技术决定论"与"社会建构论":互斥还是互补?》,《探求》,2006 年第 6 期。

王建设:《技术决定论与社会建构论:对立抑或分立?》,《河南师范大学学报(哲学社会科学版)》,2007 年第 2 期。

王健,陈凡,曹东溟:《技术社会化的单向度及其伦理规约》,《科学技术哲学研究》,2011 年第 6 期。

王京:《过程论视野下的产业技术风险》,《自然辩证法研究》,2011 年第 3 期。

王京安,刘丹,申赟:《技术生态视角下的技术范式转换预见探讨》,《科技管理研究》,2015 年第 20 期。

王娜:《技术设计价值冲突问题研究》,2019 年大连理工大学博士学位论文。

王前,梁海:《论诗意的技术》,《马克思主义与现实》,2012 年第 1 期。

王前,朱勤,李艺芸:《纳米技术风险管理的哲学思考》,《科学通报》,2011 年第 2 期。

王小伟:《道德物化的科技伦理进路及其新拓展——基于科技审度观的分析》,《中国人民大学学报》,2023 年第 3 期。

王以梁,秦雷雷:《技术设计伦理实践的内在路径探析》,《道德与文明》,2016 年第 4 期。

卫才胜:《技术的政治——温纳技术政治哲学思想研究》,2011 年华中科技大学博士学位论文。

魏宏:《技术设计过程,还是科学发现过程——论立法过程的思维和研究方式》,《江苏社会科学》,2002 年第 4 期。

文成伟,郭芝叶:《论技术对生活世界的规定性》,《自然辩证法研究》,2012 年第 6 期。

吴迪冲:《绿色生产企业创新》,《商业研究》,2003 年第 14 期。

吴国盛:《技术哲学经典读本》,上海交通大学出版社 2008 年版。

吴文新:《科技与人性:科技文明的人学沉思》,北京师范大学出版社 2003 年版。

吴文宇:《技术设计的演进理性探究》,2010 年东北大学硕士学位论文。

吴致远:《技术与现代性的形成》,《自然辩证法研究》,2012 年第 3 期。

肖峰:《技术发展的社会形成》,人民出版社 2002 年版。

肖峰:《哲学视域中的技术》,人民出版社 2007 年版。

肖显静,屈璐璐:《科技风险媒体报道缺失概析》,《科学技术哲学研究》,2012 年第 6 期。

邢怀滨:《社会建构论的技术观》,2002 年东北大学博士学位论文。

许斗斗:《技术风险的知识反思与新政治文化建构》,《学术研究》,2011 年第 6 期。

闫坤如:《技术设计悖论及其伦理规约》,《科学技术哲学研究》,2018 年第 4 期。

杨莉,刘文文:《"互联网＋"时代的科技伦理困惑、成因及其应对》,《科技智囊》,2023 年第 6 期。

尹定邦主编:《设计学概论》,湖南科学技术出版社 1999 年版。

殷瑞钰,汪应洛,李伯聪:《工程哲学》,高等教育出版社 2007 年版。

由芳,王建民,肖静如:《交互设计——设计思维与实践》,电子工业出版社 2017 年版。

于光远:《自然辩证法百科全书》,中国大百科全书出版社 1995 年版。

袁方成,李思航:《技术治理因何失灵——一个夹层化结构的框架》,《江苏行政学院学报》,2023 年第 3 期。

远德玉,陈昌曙:《论技术》,辽宁科学技术出版社 1986 年版。

张成岗:《"现代技术范式"的生态学转向》,《清华大学学报(哲学社会科学版)》,2003 年第 4 期。

张成岗:《鲍曼现代性理论中的技术图景》,《自然辩证法通讯》,2011 年第 3 期。

张华夏,张志林:《技术解释研究》,科学出版社 2005 年版。

张卫:《当代技术伦理中的"道德物化"思想研究》,2013 年大连理工大学博士学位论文。

张秀武,刘晓东:《从技术设计视角看当代人类生活方式的重构》,《科学技术与辩证法》,2008 年第 3 期。

张秀武:《从技术设计视角看当代人类生活方式走向》,《自然辩证法研究》,2008 年第 6 期。

张秀武:《技术设计的哲学研究》,2008 年山西大学博士学位论文。

张学义,曹兴江:《技术风险的追问与反思——由日本核辐射引发的思考》,《东北大学学报(社会科学版)》,2011 年第 5 期。

张召,路日亮:《规避技术生态风险的伦理抉择》,《科学技术哲学研究》,2012 年第 3 期。

赵建军:《绿色制造:中国制造业未来崛起之路》,经济科学出版社 2017 年版。

赵秀恒,王清印,王义闹,等:《不确定性系统理论及其在预测与决策中的应用》,冶金工业出版社 2010 年版。

赵玉强:《庄子生命本位技术哲学的基本面向与内在理路探赜》,《云南社会科学》,2011年第4期。

郑晓松:《技术自主还是社会建构:技术与社会的关系再思考》,《科学经济社会》,2013年第2期。

郑雨:《技术创新研究的哲学视角》,《科学学研究》,2005年第12期。

周密,龚建平:《文化的科学向度分析》,《求索》,2012年第1期。

周善和:《技术信仰的表征与降格技术信仰的路径考究——从社会文化学视角探究现代技术》,《自然辩证法研究》,2011年第7期。

周仕东,郑长龙:《STS问题解决中的科学探究与技术设计》,《课程·教材·教法》,2005年第5期。

周雪,张新标:《回归生活——基于芒福德技术哲学思想的反思》,《湖北经济学院学报(人文社会科学版)》,2011年第5期。

朱葆伟,赵建军,高亮华编:《技术的哲学追问》,中国社会科学出版社2012年版。

朱红文:《"设计哲学"的可能性和意义》,《哲学研究》,2001年第10期。

朱红文:《设计哲学的性质、视野和意义》,《北京师范大学学报(社会科学版)》,2010年第6期。

朱其忠:《从萨伊定律到供给学派:生态技术创新推力演绎》,《商业研究》,2011年第12期。

邹珊刚主编:《技术与技术哲学》,知识出版社1987年版。

Achterhuis H. American Philosophy of Technology [M]. Bloomington: Indiana University Press,2001.

Bailey D, Leonardi P. Technology Choices: Why Occupations Differ in Their Embrace of New Technology [M]. Cambridge: MIT Press, 2015.

Berger P, Luckmann T. The Social Construction of Reality: A Treatise in the Sociology of Knowledge [M]. New York: Doubleday Press,1966.

Bijker W, Hughes T, Pinch T. The Social Construction of Technological Systems[M]. Cambridge: MIT Press, 1987.

Bonsiepe G. The chain of innovation science • technology • design [J]. Design Issues 1995,11 (3): 33-36.

Borgmann A. Technology as a cultural force: For Alena and Griffin [J]. The Canadian Journal of Sociology,2006,31(3):351-360.

Borgmann A. Technology and the Character of Contemporary Life: A Philosophy Inquiry [M]. Chicago: The University of Chicago Press,1984.

Boyd R. Privacy,technology, and ethical considerations[J]. Journal of Thought,1975,10 (4): 285-289.

Constant E. A model for technological change applied to the turbojet revolution[J]. Technology and Culture,1973,14(4):554.

Davern M. Social networks and economic sociology: A proposed research agenda for a more complete social science[J]. The American Journal of Economics and Sociology, 1997, 56 (3): 287-302.

Day G, Croxton S. Appropriate technology, participatory technology design, and the environment[J]. Journal of Design History, 1993, 6 (3): 179-183.

de Vries M. Ethics and the complexity of technology: A design approach[J]. Philosophia Reformata,2006,71(2): 118-131.

Dewey J. The Public and Its Problems: An Essay in Political Inquiry [M]. Athens: Swallow Press,1980.

Dubos R. So Human an Animal[M]. New York: Scribners Press, 1968.

Durbin P. Research in Philosophy and Technology[M]. London: Jai Press,1984.

Elliott B. Technology and Social Process [M]. Edingborgh: Edingborgh University Press,1988.

Ellul J. The Technological System[M]. New York: Continuum,1980.

Feenberg A. Critical Theory of Technology[M]. New York: Oxford University Press,1991.

Feenberg A. Questioning Technology[M]. London: Routledge,1999.

Galbraith J. The New Industrial State[M]. New York: The New American Library Press,1968.

Heidegger M. The Question Concerning Technology, and Other Essays[M]. New York: Harper and Row,1997.

Heisenberg W. Physics and Philosophy: The Revolution in Modern Science[M]. New York: Harper & Row Press,1958.

Hughes T. Technological Momentum: Does Technology Drive History? [M]. Cambridge: MIT Press,1994.

Ihde D. Philosophy of technology,1975—1995[J]. Techné: Research in Philosophy and Technology,1995,1(1):8-12.

Kallenberg B. By Design: Ethics, Theology, and the Practice of Engineering[M]. Cambridge: James Clarke & Co, 2013.

Kroes P. Technical functions as dispositions: A critical assessment [J]. Techné: Research in Philosophy and Technology, 2001, 5 (3):105-115.

Mackenzie D, Wajcman J. The Social Shaping of Technology[M]. Stanford: Open University Press,1985.

Mitcham C. The importance of philosophy to engineering [J]. Teorema,1998,17(3):27-47.

Mitcham C. Thinking through Technology: The Path between Engineering and Philosophy[M]. Chicago: The University of Chicago Press,1994.

Mithchell J. The Concept and Use of Social Networks [M]. Manchester: Manchester University Press,1969.

Pitt J. Thinking about Technology: Foundations of the Philosophy of Technology[M]. New York:Cambridge Press,2000.

Searle J. Speech Acts:An Essay in the Philosophy of Language[M]. London: Cambridge University Press,1969.

Searle J. The Construction of Social Reality[M]. New York: Free Press,1997.

Weber M, Hoogma R. Beyond national and technological styles of innovation diffusion: A dynamic perspective on cases from the energy and transport sectors [J]. Technology Analysis & Strategic Management,1998,10(4):545-566.

Weckert J, Lucas R. Professionalism in the Information and Communication Technology Industry[M]. Acton: ANU Press, 2013.

Westrum R. Technologies and society: The shaping of people and things[J]. Social Science Computer Review,1992,10(4):24-28.

Winner L. Autonomous Technology[M]. Cambridge: MIT Press, 1977.